KB079307

젊은 전원주택 트렌드

젊은 전원주택 트렌드

© (주)홈트리오, 2019

초판 1쇄 발행 2019년 4월 29일
2쇄 발행 2021년 6월 15일

지은이 이동혁, 임성재, 정다운
일러스트 이의헌 instagram : habits maker
편집 김철 kchulc@daum.net
표지 김정훈

경기도 성남시 분당구 운중로 141, 경창빌딩 6층 홈트리오(주)
전화 1522 - 4279 팩스 031 - 709 - 6788 www.hometrio.kr

펴낸이 이기봉
펴낸곳 도서출판 좋은땅
주소 서울 마포구 성지길 25 보광빌딩 2층
전화 02 - 374 - 8616 ~7
팩스 02 - 374 - 8614
이메일 gworldbook@naver.com
홈페이지 www.g-world.co.kr

ISBN 979-11-6435-226-1 (13590)

- 가격은 뒤표지에 있습니다.
- 이 책은 저작권법에 의하여 보호를 받는 저작물이므로 무단 전재와 복제를 금합니다.
- 파본은 구입하신 서점에서 교환해 드립니다.

이 도서의 국립중앙도서관 출판예정도서목록(CIP)은 서지정보유통지원시스템 홈페이지(httpp://seoji.nl.go.kr)와
국가자료공동목록시스템(http://www.nl.go.kr/kolisnet)에서 이용하실 수 있습니다. (CIP제어번호 : CIP2019015358)

젊은 전원주택 트렌드

이동혁 · 임성재 · 정다운 지음

좋은땅

HOMETRIO
월간 홈트리오

For You

To. 행복한 집 짓기를 기다리는

_______________ 에게

이 책을 선물합니다.

인사말

안녕하세요. 이동혁, 정다운, 임성재 건축가입니다.

전원주택을 짓는 행복한 꿈을 꾸며 시작한 일이 벌써 10년이라는 시간 동안 이어지게 되었네요. 불투명한 전원주택 집짓기 시장을 한번 바꿔보겠다는 나름 큰 포부와 함께 시작한 글쓰기가 벌써 시리즈 세 번째를 맞이하게 되었습니다.

이번 젊은 '전원주택' 트렌드는 1년 동안 발표되었던 월간 홈트리오를 통합하여 발표한 책입니다. 전원주택 시장에도 매달 새롭게 발표되는 매거진이 있었으면 좋겠다는 생각으로 시작된 프로젝트였으며, 생각보다 많은 사랑과 관심을 받게 되어 출판까지 진행되게 되었습니다.

집이란 정답이 없는 분야라고 생각합니다. 하지만 저희가 생각하는 비 안 새고 따뜻한 집의 건축 철학은 변하지 않을 예정입니다. 단조롭지만 튼튼하게, 예쁘지만 가성비 높게. 항상 초심을 생각하며 실용적이고 포근한 집을 계속해서 지어나가도록 하겠습니다. 감사합니다.

왜
전원주택을 꼭 시골집처럼 지어야 하죠?

젊고 트렌디하게 나만의 아이덴티티를 담고 싶어요.
나만의 공간이 존재하고 방에 누워 하늘을 바라보며
천창을 통해 구름이 움직이는 모습을 보고 싶어요.

친구들과 맛있는 음식을 먹고
수다를 떨면서 하루를 보내고 싶어요.
잠만 자는 공간이 아닌 나와 가족의 기억과 추억이
온전히 담겨있는 곳.
그런 공간, 그런 집을 갖고 싶어요.

차례

조용히 눈을 감고 귀를 기울여봐

들리니?
마당 곳곳에서 들리는 풀벌레 소리와 시냇물 소리

그리고 조용히 눈을 떠 하늘을 바라봐
쏟아질 것 같은 별빛을 가만히 보고 있으면
마음에 평온함이 내려앉을거야

프롤로그

"그거 알아요?"

여러분들은 언젠가부터 주위에서 들려오는 자연의 목소리를 못 들었다는 것을요.

마당 있는 집에 살고 싶은 마음. 이 마음이 드는 이유는 어찌 보면 우리가 어릴 적 살던 작지만 나에게 있어서는 멋진 소중한 집에 대한 추억 때문일 거예요.

도심의 주택들은 사람을 위한 공간이기보다는 좁은 땅 안에 많은 인구가 살 수 있는 방법을 고민하다 탄생한 집이라고 생각해요. 정답이다 아니다. 를 논하기 전에 이 공간 안에서 정말로 행복하고 마음의 여유를 찾을 수 있을지 고민해봐야 할 것 같아요.

작은 집을 짓는 일. 이 일은 방금 말한 행복과 마음의 여유를 찾아가는 그 길에서 시작된 프로젝트예요.

특히 내가 생각하는 공간들이 듬뿍 담겨 있는 집. 생각만으로도 행복하지 않나요?

획일적인 건물에 들어가 내가 그 공간에 맞추어 사는 것이 아닌 나를 중심으로 나를 위해 맞추어진 공간에 산다는 것. 이 것 자체만으로도 매일매일이 행복한 시간일 거예요.

2018년의 1월. 집을 짓는 일에서 새로운 시작을 해 보기로 했어요. 그동안에는 의뢰가 들어와야지만 집을 설계했었는데 의뢰가 들어오기 전 가상의 콘셉트를 가지고 현 트렌드에 맞게 선 제시하는 집짓기 프로젝트.

그동안 전원주택 분야에서는 시도되지 않은 일이었어요. 돈도 돈이지만 정말 많은 시간이 필요한 일이었거든요. 딱 한 달 고민해보고 되던 안되던 시작 해보기로 했어요.

1월, 2월, 3월... 매달 1개 이상의 모델을 발표하면서 "아 이번 달도 미루지 않고 발표했다." 많은 조회수는 아니지만 스스로에게 한 약속을 지킨 기분 때문에 뿌듯함을 느꼈어요.

아마 4월부터였을 것 같아요. 솔직히 3월까지는 월간 매거진의 느낌이 나질 않았는데 4월부터 틀이 정리되면서 월간 매거진의 틀을 갖추기 시작했던 것 같아요. 이 이후부터는 조회수도 늘어나고 반응도 폭발적으로 다가왔어요.

1월부터 시작된 월간 전원주택 매거진은 그동안 전원주택 시장에서 보지 못했던 다양한 형태의 주택 디자인과 평면 계획안을 발표했어요. 강제하는 조건이 없으니 훨씬 자유롭게 표현할 있었고 금액적 제약도 없었기 때문에 그동안 해 보고 싶었던 아이템들을 적용할 수 있었어요.

그 결과 1월부터 12월호까지 39개의 모델이 발표될 수 있었어요. 중간에 포기하고 싶었던 순간들마다 건축 주님들의 응원. 그리고 선물들. 내년에도 이어서 할 수 있을지 없을지는 모르지만 2018년 올해에는 목표점에 완주한 것 같네요.

단순히 저 혼자의 보람만을 느끼며 마무리하기보다는 책으로 엮어 그동안 도움 주신 모든 분들께 선물로 드리고 싶었어요. 솔직히 이번 책은 팔기 위한 책이라기보다는 선물과 소장용으로 만든 책이라고 생각해주셨으면 좋겠네요.

엄청난 정보가 담긴 책은 아니지만 "아! 집을 이렇게도 지을 수 있구나.", " 음, 이런 공간들도 재미있네." 등의 조금이나마 여러분들의 집 짓기에 도움이 될 수 있는 책이 되었으면 합니다.

봄이 오는 소리를 담아내다

'툭' '두둑' '툭 툭 툭' '후드드득'

창가에 빗방울 부딪히는 소리가 시작되면
비로소 봄이 다가옴을 느낍니다.

내 마음도 감성에 젖어 드는 봄비 내리는 날,
창밖을 보며 혼자만의 생각에 잠기게 되는 시간.

이 시간을 여러분에게 전해드리려 합니다.

1월호

30평, 고향집을 짓다

STORY

고향 집.

언제 방문해도 항상 포근하고 환하게 나를 반겨주는 그곳.

고향이라는 단어만 들어도 가슴 한편에서 뭉클함이 올라오는 것 같아요. 여러분들은 이 단어를 들었을 때 어떠한 기분이 드시나요?

월간 홈트리오 1월호, 그 시작을 알리는 첫 번째 모델인 만큼 어떤 콘셉트와 기획으로 시작해야 좋을지 정말 많은 고민을 했습니다.

'집'

집 하면 가장 먼저 떠오르는 그것. 저에겐 고향이라는 단어가 떠올랐고, 고향 집을 기획으로 매거진의 시작을 알리고자 했습니다.

"고향 집 하면 무엇이 떠오르세요?"

저에겐 크지 않지만 무언가 포근한 느낌의 정겨운 외관. 그리고 특유의 집 냄새. 어찌 보면 오래되고 낡았지만, 오히려 그 오래됨이 정취를 느끼게 하고, 옛 기억을 떠오르게 합니다.

이번 주택을 설계하고 디자인할 때 가장 주안점으로 두었던 것은 과하지 않은 매력이었습니다. 현대식으로 너무 화려하게만 디자인하면 오히려

고향 집이라는 주제와 서로 대치될 수도 있으므로 단조로우면서도 건축비를 최대한 줄일 수 있는 입면으로 방향을 잡았습니다.

부모님이 거주하시는 상황을 고려하여 이층집보다는 단층집으로 설계 방향을 잡았고 가족들이 모두 모여도 충분하도록 세개의 방을 구성했습니다.

아무리 자녀들과 친해도 각자의 방이 존재하지 않으면 그날 와서 그날 가는 경우가 많거든요. 특히 어린아이들이 있는 집은 아이들이 소리에 민감한 경우가 많아 별도의 방이 꼭 필요합니다.

#고향집 #그리움 #포근함 #어머님의품 #선물

1월호

고향집을 짓다

공법 : 경량목구조
건축면적 : 99.00 m^2
1층 면적 : 99.00 m^2
2층 면적 : 00.00 m^2

지붕마감재_ 아스팔트쉉글 / 외벽마감재_ 스타코플렉스 / 포인트자재_ 파벽돌, 적삼목사이딩, 리얼징크 / 실내벽마감재_ 실크벽지 / 실내바닥마감재_ 강마루 / 창호재_ 미국식 3중 시스템창호

예상 총 건축비 : 165,000,000원 (부가세 포함, 산재보험료 포함 / 설계비, 인허가비, 구조계산 설계비 별도)

설 계 비 : 4,500,000원 (부가세 포함) | 구조계산 설계비 : 3,000,000원 (부가세 포함)

인허가비 : 3,000,000원 (부가세 포함) | 인테리어 설계비 : 3,000,000원 (부가세 포함)

✔ 건축비 외 부대비용 : 대지구입비, 가구(싱크대, 신발장, 붙박이장), 기반시설 인입(수도, 전기, 가스 등), 토목공사, 조경비 등

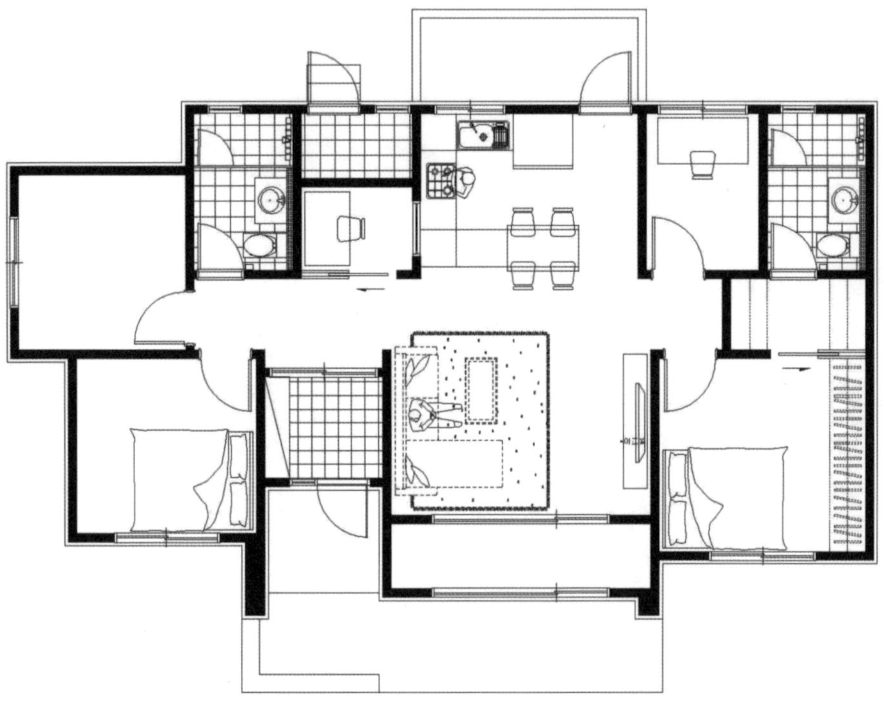

이동혁 건축가 : 단층 주택의 장점이 극대화 된 평면이라 할 수 있어요.
30평형이지만 방 3개에 화장실 2개, 거기에 2개의 서재까지 구성해 작은 평수 이지만 콤팩트 하면서 짜임새 있는 공간을 탄생시켰습니다.

임성재 건축가 : 시골에 짓는 집이라고 해서 촌스러울 필요는 없어요.
단조롭지만 고급스러움을 담아낼 수 있는 디자인을 진행했고 모던하면서 언제 보아도 질리지 않는 집으로 탄생시켰습니다.

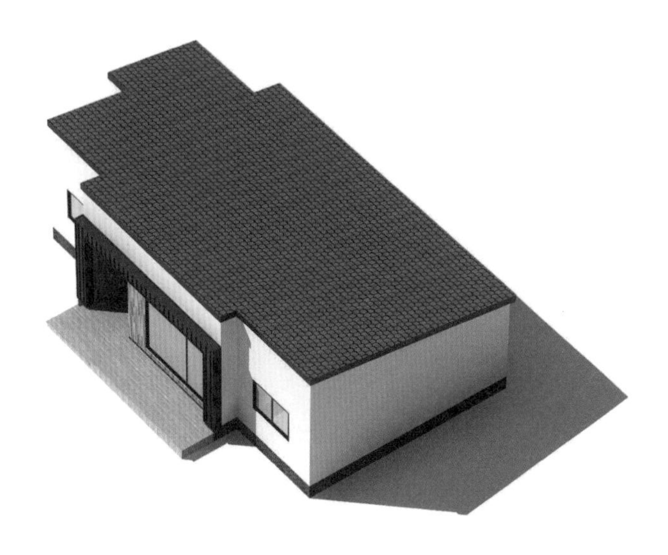

정다운 건축가 : 가성비라는 단어가 이 집 때문에 생겨난 것 같아요.

멋진 외관에 구성진 평면, 거기에 저렴한 가격까지, 부모님을 위한 고향집을 다시 짓고자 하시나요? 그렇다면 이번 모델을 눈여겨 봐주시기 바랍니다.

아이들이 뛰노는 소리가 들리나요?

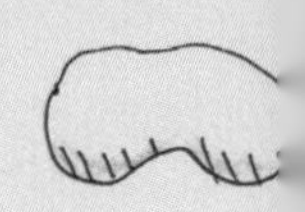

‘동네’라는 단어가 어색하게 들릴 만큼 요즘 세상은 삭막함이 가득합니다.
아이들이 뛰어놀 수 있는 유일한 공간인 놀이터도 저녁에는 소음 민원 때문에 놀 수 없다고 하네요.

‘얼음 땡’ ‘술래잡기’ ‘고무줄놀이’

뛰어놀며 친해지고 웃고 뒹구는,
제가 생각하는 아이들의 이미지는 어느 순간부터 보기 힘든 세상이 되어버린 것 같아요.

아이들이 다시 웃고 뛰어놀 수 있는 공간을 만들어주고 싶어요. 우리들의 어릴 적 해가 질 때까지 소리치며 뛰어놀던 기억. 그 기억과 추억을 전해주고 싶어요.

2월호

36평, 노후를 위한 힐링공간

STORY

은퇴한 후 노후에 조용한 곳에서 우리 부부 둘이 행복하게 사는 꿈.
그 꿈에 한 발자국 더 다가가기 위한 시작.

복잡한 도심을 벗어나 숲에 둘러싸인 어느 마을. 그 마을 안에 우리 부부의 공간이 생긴다는 것은 상상만으로도 행복한 일입니다.

조그마한 텃밭을 일구고 그곳에서 자라나는 친환경 채소와 과일을 먹으며 마음을 안정시키고 편안한 생활을 하는 것이야말로 진정한 힐링이라고 생각합니다.

이번 주택 모델에는 많은 아이템을 담기보다 편하고 짧은 동선으로 무리하게 움직이지 않더라도 다양한 활동을 할 수 있도록 방향을 맞추고 진행했습니다.
다만 자녀들이 놀러 왔을 때 너무 좁아 쉴 수 있는 공간이 없으면 안 되기에 다락이라는 공간을 만들었으며, 다락을 2층처럼 활용할 수 있도록 넓게 구성하여 잡다한 짐을 올려놓을 수 있는 다목적 공간으로 활용할 수 있게 했습니다.

맑은 공기와 녹색 빛의 나무들이 보이는 곳. 그곳에서의 노후생활.

"지금 지내시는 곳이 답답하지 않으세요?"

탁 트인 마당을 바라보며 예쁜 내 집에서 산다는 것.
더는 꿈이 아닌 현실로 여러분 곁에 다가갈 것입니다.

#부부 #전원생활 #텃밭 #힐링 #공기좋은곳

PART 02

2월호 노후를 위한 힐링공간

공법 : 경량목구조

건축면적 : 119.64 m^2

1층 면적 : 99.00 m^2

2층 면적 : 20.64 m^2

지붕마감재_ 아스팔트쉬글 / 외벽마감재_ 스타코플렉스 / 포인트자재_ 파벽돌, 루나우드, 리얼징크 / 실내벽마감재_ 실크벽지 / 실내바닥마감재_ 강마루 / 창호재_ 미국식 3중 시스템창호

예상 총 건축비 : 206,600,000원 (부가세 포함, 산재보험료 포함 / 설계비, 인허가비, 구조계산 설계비 별도)
설 계 비 : 4,500,000원 (부가세 포함) | 구조계산 설계비 : 3,000,000원 (부가세 포함)
인허가비 : 3,000,000원 (부가세 포함) | 인테리어 설계비 : 3,000,000원 (부가세 포함)

✓ 건축비 외 부대비용 : 대지구입비, 가구(싱크대, 신발장, 붙박이장), 기반시설 인입(수도, 전기, 가스 등), 토목공사, 조경비 등

PLAN

F1

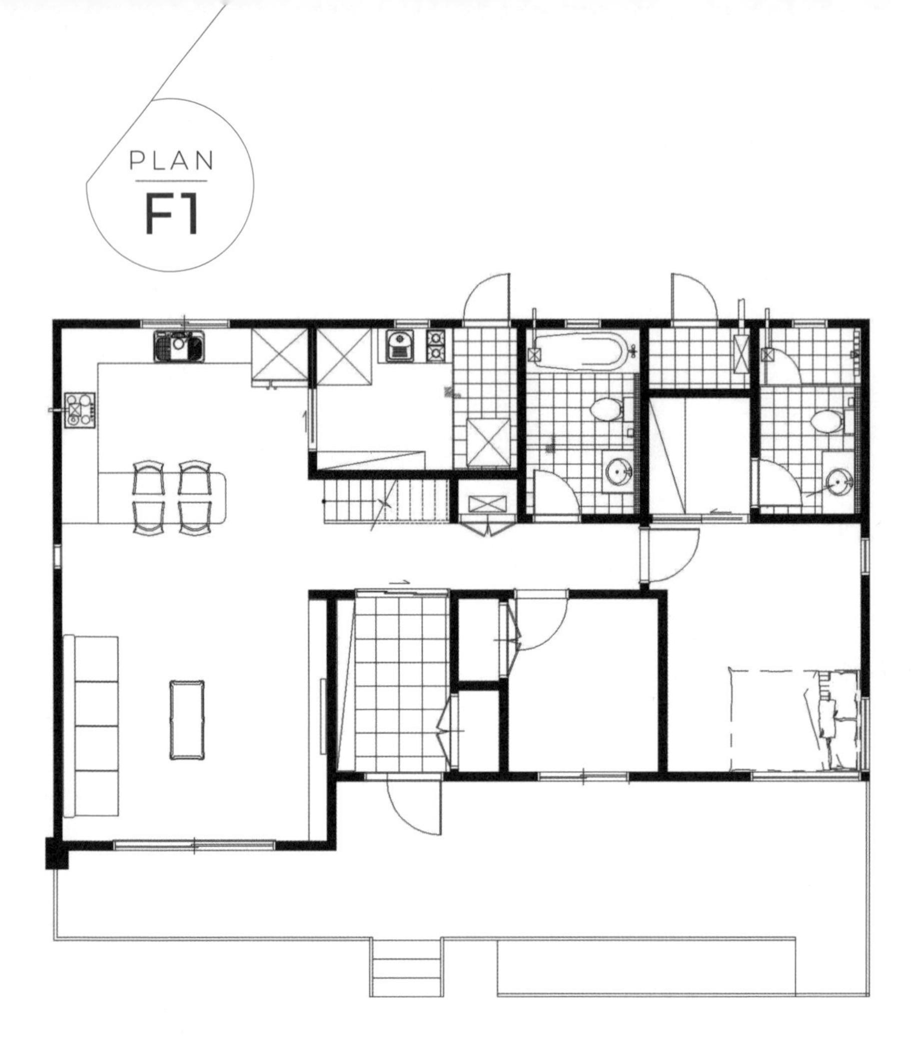

이동혁 건축가 : 작은 평형대 일수록 거실과 주방을 어떻게 배치하느냐가 가장 핵심이에요. 이번 주택 평면처럼 거실과 주방을 일자형으로 배치해주면 현관에서 들어왔을 때 넓은 개방감을 느낄 수 있답니다.

임성재 건축가 : 다락의 경우 호불호가 많이 갈리는 편이에요.

이번 주택에서는 수납공간 및 앉아서 하는 작업실 용도로 다락을 계획했고, 10평이 넘어가는 넓은 공간이기 때문에 답답하지는 않을거에요

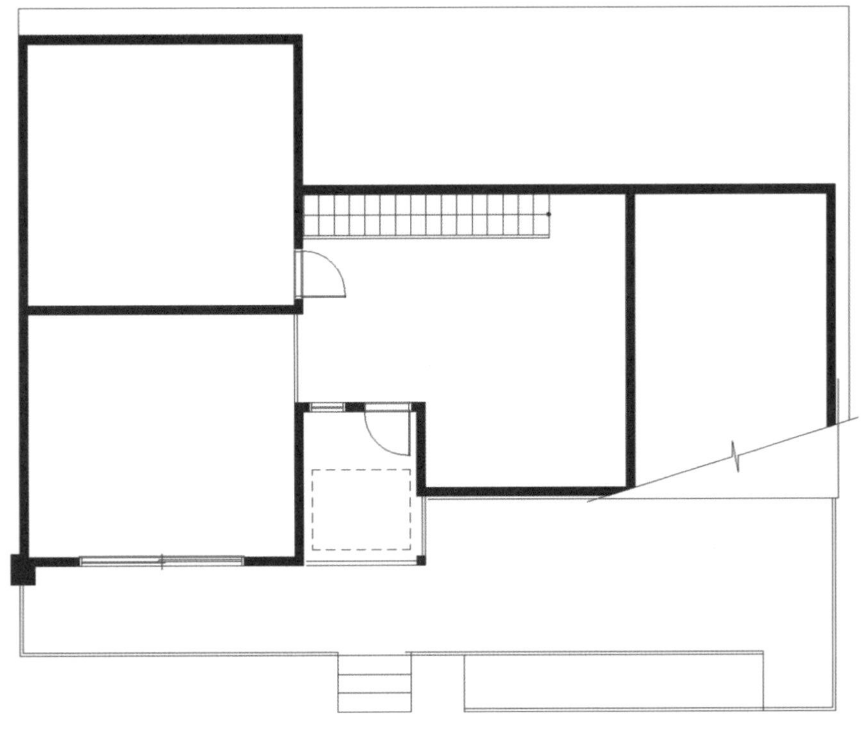

정다운 건축가 : 　지붕의 경사도만 다양하게 주어도 독특한 입면을 만들어 낼 수 있어요. 경사도가 있어야 하는 것은 당연하고 아무리 예뻐 보인다고 해서 경사도가 없는 평지붕을 만들어 놓으면 사는 내내 누수에 대한 위험을 안고 살아야 할 거에요.

주말에는 마당 있는 집으로 가자

"아빠 어서 일어나. 오늘 우리 집에 가는 날이야"

매 주말의 시작은 아이들의 재촉 소리와 함께합니다. 처음에는 가기 싫어하더니 이제는 휴대폰과 컴퓨터보다 자연과 마당이 어우러진 새로운 우리 집을 더 좋아하네요.

가장으로서 힘든 결정이었지만 아이들이 해맑게 웃는 모습을 보고 있으면 이보다 더 큰 선물이 또 있을까 생각합니다.

3월호 첫번째

40평, 주말을 보내는 세컨드 하우스

STORY

: 봄이 오는 소리. 그 소리와 함께 우리의 집 짓기도 시작됩니다.

아이들의 학교와 교육환경은 아무래도 도심 쪽이 좋다 보니 무조건 전원생활 속으로 모든 환경을 가지고 가기엔 무리가 있습니다.

무리하지 않은 합리적인 금액 투자로 아이들에게 자연과 함께 뛰놀 수 있는 여건을 만들어 준다는 것, 그 조건을 위해 세컨드 하우스를 기획하게 되었습니다.

작지만 알차게 그리고 충분히 활동할 수 있게 설계해야 하는 과제, 그 과제를 풀어내기 위해 참 많은 고민이 있었습니다.

일단 매일 있는 공간이 아니기에 유지보수에 편리한 디자인을 택해야 했고, 금액이 부담되지 않도록, 2억 미만의 주택으로 제한 아닌 제한을 걸어놓고 설계를 진행했습니다.

단열성능이 뛰어난 목조 공법 기반에 충분한 기울기가 있는 박공지붕을 얹고, 30평의 공간을 1층에 앉혔습니다.

"다 하고 보니 뭔가 아쉬운 느낌이 드는 것은 무엇인지?"

그러고 보니 아이들의 로망인 다락방이 빠져있네요.

다시 수정,

1층에 방을 2개만 배치하는 대신 주방과 거실을 하나의 공간으로 넓게 배치하였습니다. 나머지는 다락이라는 공간에서 다목적으로 이용할 수 있도록 다락을 약 10평 정도의 공간으로 만들어 손님이 오더라도 충분히 잠잘 수 있는 공간으로 설계를 완료했습니다.

2층이나 다락을 만들 때 항상 고민인 것이 계단실입니다. 생각보다 공간을 많이 잡아먹거든요. 그래서 이번에는 세컨드 하우스이니 과감하게 접어서 올릴 수 있는 접이식 계단을 선택했어요. 이렇게 하면 사용하지 않을 때에는 접어서 올리면 되고, 올라가는 부분을 어느 곳에 뚫어도 상관없거든요.

#작아도되요 #세컨하우스 #다락 #가성비 #주말에만올꺼에요

3월호 첫번째

주말을 보내는 세컨드 하우스

공법 : 경량목구조
건축면적 : 131.90 m²
1층 면적 : 101.90 m²
다락면적 : 30.00 m²

지붕마감재_ 아스팔트쉬글 / 외벽마감재_ 스타코플렉스 / 포인트자재_ 파벽돌 / 실내벽마감재_ 실크벽지 / 실내바닥마감재_ 강마루 / 창호재_ 미국식 3중 시스템창호

예상 총 건축비 : 184,500,000원 (부가세 포함, 산재보험료 포함 / 설계비, 인허가비, 구조계산 설계비 별도)
설 계 비 : 6,000,000원 (부가세 포함) | 구조계산 설계비 : 4,000,000원 (부가세 포함)
인허가비 : 4,000,000원 (부가세 포함) | 인테리어 설계비 : 4,000,000원 (부가세 포함)

✓ 건축비 외 부대비용 : 대지구입비, 가구(싱크대, 신발장, 붙박이장), 기반시설 인입(수도, 전기, 가스 등), 토목공사, 조경비 등

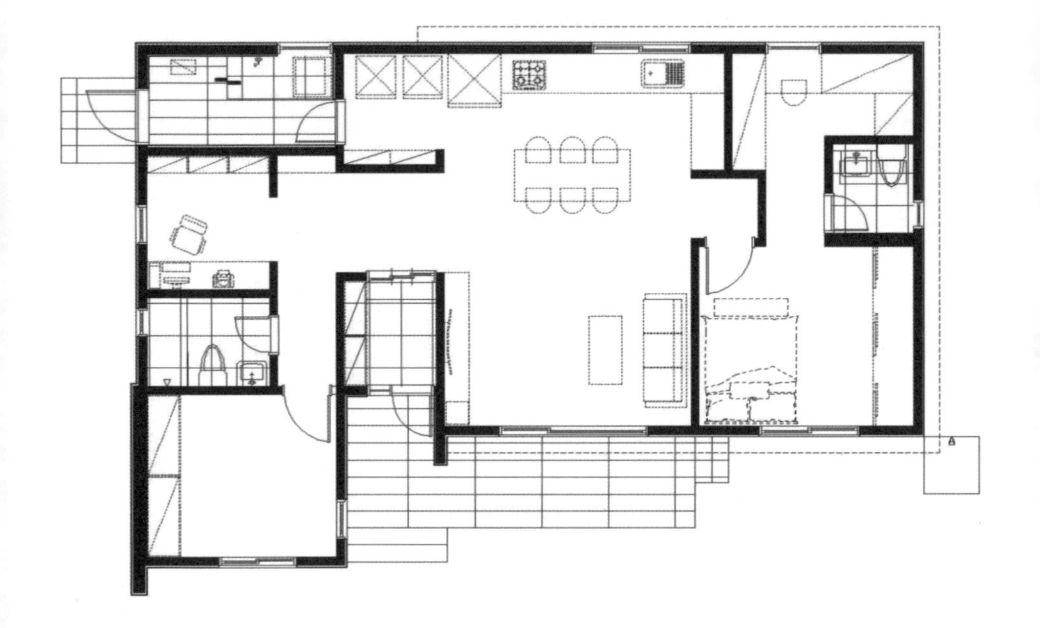

이동혁 건축가 : 세컨드 하우스의 수요가 늘어나는 중이에요. 무조건 크게 짓기보다는 적정선을 지키는 것이 가장 중요해요. 땅이 좁다면 이번 모델처럼 1층을 줄이고 다락같은 활용 공간으로서 공간을 확보하는 것도 하나의 방법일 거예요.

임성재 건축가 : 박공지붕형태는 빗물을 잘 흘러내려가게 하는 가장 완벽한 형태라고 할 수 있어요. 모던하게 하기 위해 평지붕을 고집하시는 분들이 계신데 방수에 가장 취약한 형태이니 꼭 배수가 잘 될 수 있는 디자인으로 설계하는 것이 좋습니다.

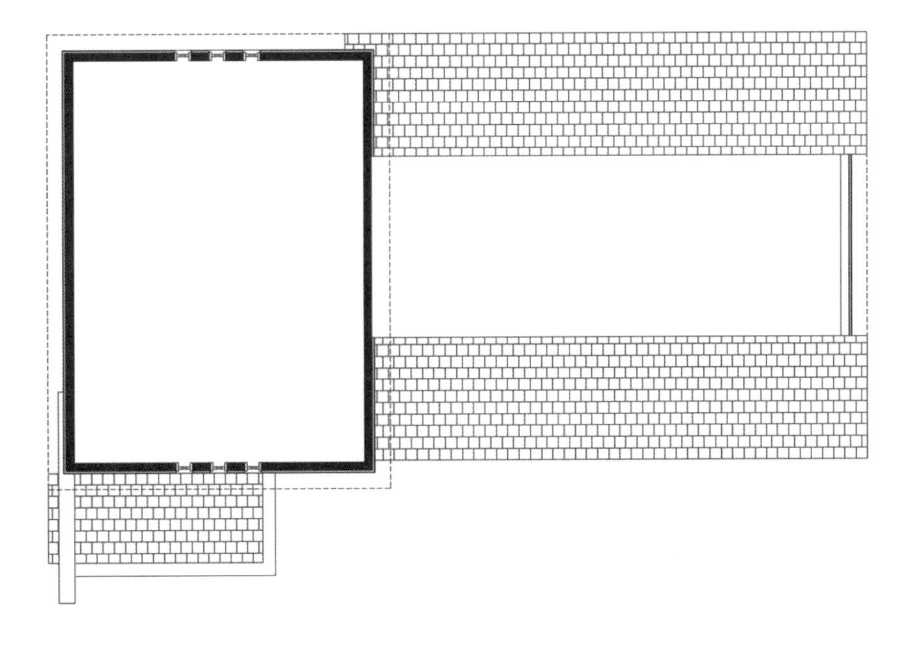

정다운 건축가 : 2층 및 다락 공간을 만들 때 가장 고민이 되는 부분 중의 하나가 계단실로 들어가는 면적이에요. 이동만을 위한 공간으로 4평 정도가 계단실로 들어가게 되거든요. 그래서 이번 주택에서는 위에서 끌어내리는 접이식 계단을 사용하기로 했어요. 왼쪽 편의 서재를 통해 올라갈 수 있게 계획했으며, 필요 없을 때는 접어서 올려버리면 된답니다.

3월호 두번째

30평, 3인 가족을 위한 행복 집

STORY

어느 날 상담을 진행하고 있는데 건축주님이 이런 말을 하는 거예요.

"3인 가족이 이미 사회의 대부분을 차지하고 있는데 왜 전원주택은 4인 가족 기준으로만 나오는 거예요? 건축가님이 3인 가족을 위한 집을 설계해주세요."

이 말을 듣는 순간 솔직히 머릿속이 멍해지는 기분이었어요.

"아! 왜 전원주택을 지으면서 4인 가족 기준을 당연하다고 생각했지?"

고정관념을 벗어나라고 그렇게 이야기하고 다녔으면서 정작 저 스스로 저도 모르게 틀 안에 갇혀 있는 상황이 벌어졌던 것입니다. 그래서 건축주님과 의기투합해 30대 젊은 신혼부부들이 살 수 있는 가성비 높은 금액대의 예쁜 주택 모델을 만들어보기로 했습니다.

"지나면서 봐도 깨끗하고 청초한 느낌을 받을 수 있으면 좋겠고, 유지관리가 편한 박공지붕에 모던한 느낌의 디자인을 가미해 주세요."

3인 가족 중심이기 때문에 방은 2개만 구성하되 자녀의 프라이버시를 위해 층간 분리를 했고, 오픈 천장 옵션을 통해 현관에 들어섰을 때 작은 면적에서도 개방감을 느낄 수 있도록 했습니다.

설계한 입장에서 솔직히 이 집의 가장 큰 장점은 건축비라고 할 수 있어요. 평생 이 집에서만 살면 좋겠지만 젊은 분들이기 때문에 추후 아이들의 학군에 따라 이동할 수 있는 점을 고려하면 이번에 제안한 주택의 이미지가 앞 선 조건에 가장 최적화된 모델이라고 생각합니다.

제가 항상 드리는 말이 있죠.
"외장은 최대한 단순하게. 그리고 돈은 적게 들일 것!"

#3인가족 #모던스타일 #밝은집 #행복 #오픈천장

PART 03

3월호 두번째

3인 가족을 위한 행복 집

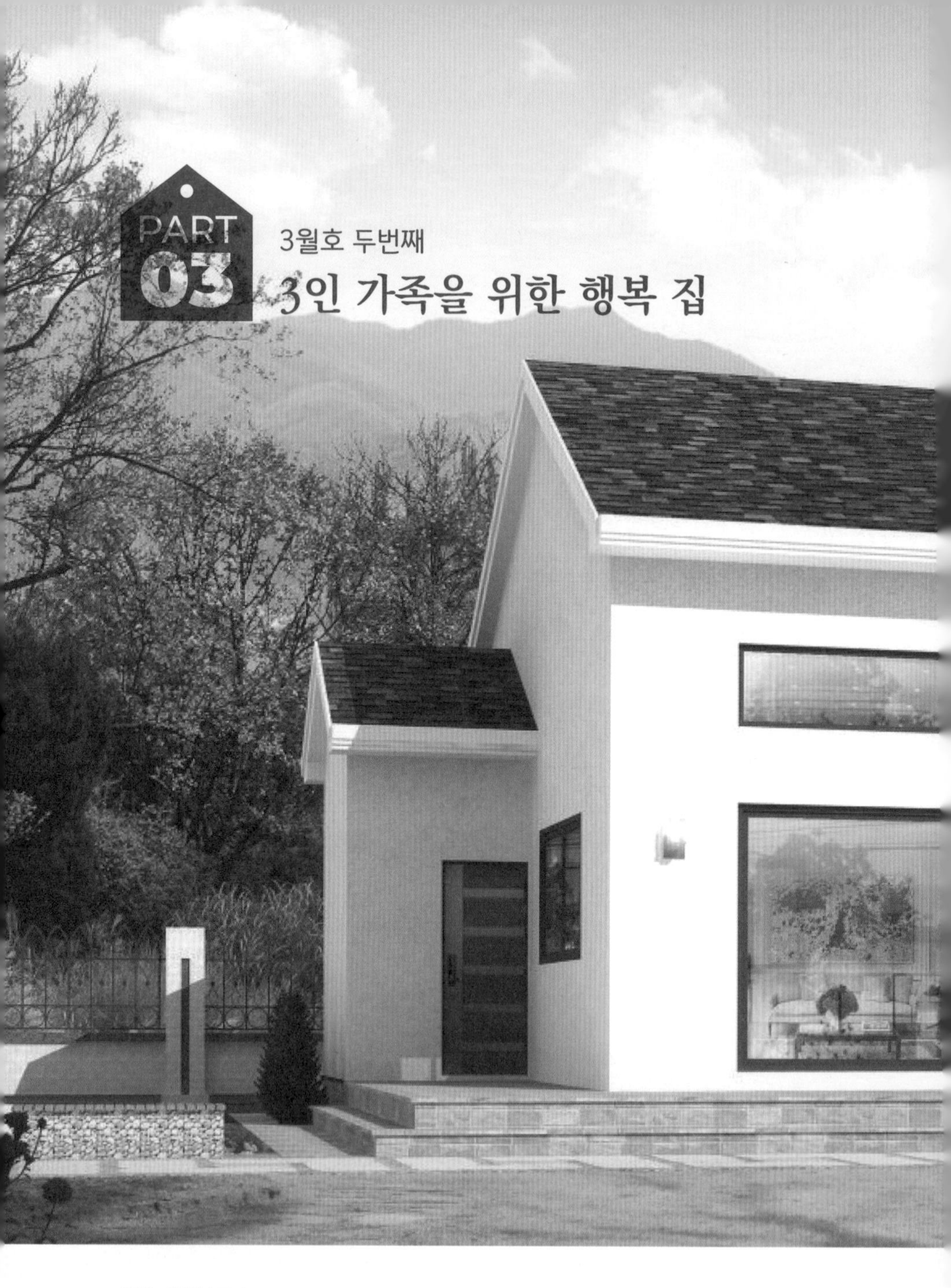

공법 : 경량목구조

건축면적 : 99.51 m^2

1층 면적 : 76.85 m^2

2층 면적 : 22.66 m^2

지붕마감재_ 아스팔트쉬글 / 외벽마감재_ 스타코플렉스 / 포인트자재_ 파벽돌 / 실내벽마감재_ 실크벽지 / 실내바닥마감재_ 강마루 / 창호재_ 미국식 3중 시스템창호

예상 총 건축비 : 163,000,000원 (부가세 포함, 산재보험료 포함 / 설계비, 인허가비, 구조계산 설계비 별도)

설 계 비 : 4,500,000원 (부가세 포함) | 구조계산 설계비 : 3,000,000원 (부가세 포함)

인허가비 : 3,000,000원 (부가세 포함) | 인테리어 설계비 : 3,000,000원 (부가세 포함)

✓ 건축비 외 부대비용 : 대지구입비, 가구(싱크대, 신발장, 붙박이장), 기반시설 인입(수도, 전기, 가스 등), 토목공사, 조경비 등

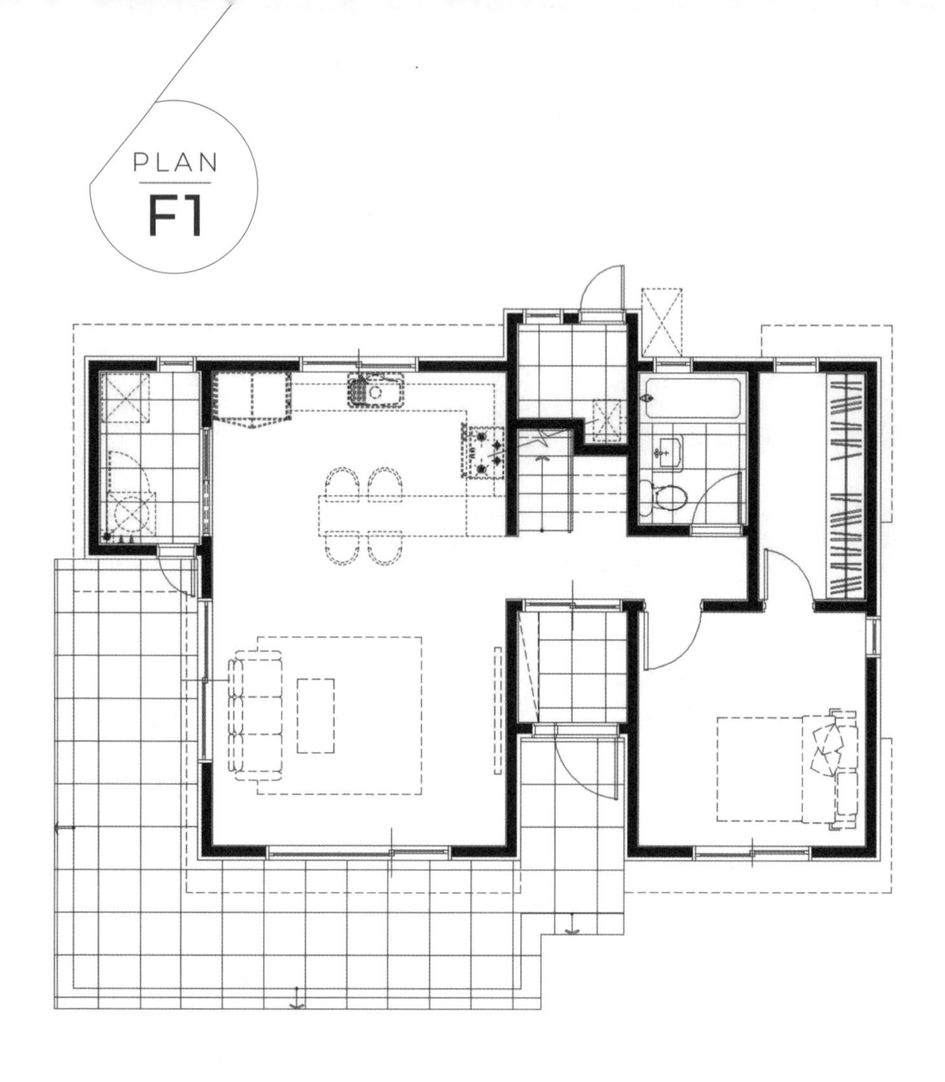

이동혁 건축가 : 포인트 부분을 자재시키고 지붕의 경사 디자인만으로 독특한 느낌을 구현하게 설계하였어요. 이렇게 할 경우 외장재에 들어가는 포인트 비용이 현저히 줄어들게 되어 남은 비용들을 가구 및 가전제품을 구입하는데 활용할 수 있답니다.

임성재 건축가 : 작은 평수이기 때문에 거실 주방이 답답할 염려가 있었어요. 그래서 1.5층 오픈 천장을 적용해 현관에서 진입했을 때 넓은 개방감을 느낄 수 있게 설계했습니다.

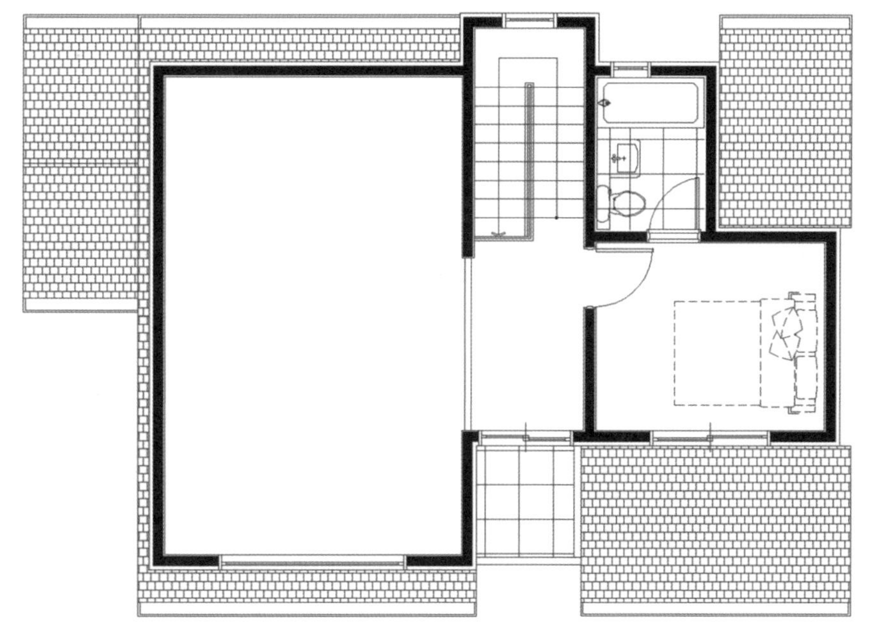

정다운 건축가 : 3인 가족을 위한 주택 설계는 솔직히 전무한 상태였어요. 항상 4인 가족 기준으로만 집이 설계되었었거든요. 이번 모델을 개발하면서 3인 가족에 특화된 평면이 만들어졌고 그에 따라 가성비 높은 금액으로 외관 다지인까지 만들어 냈답니다.

다락방의 추억

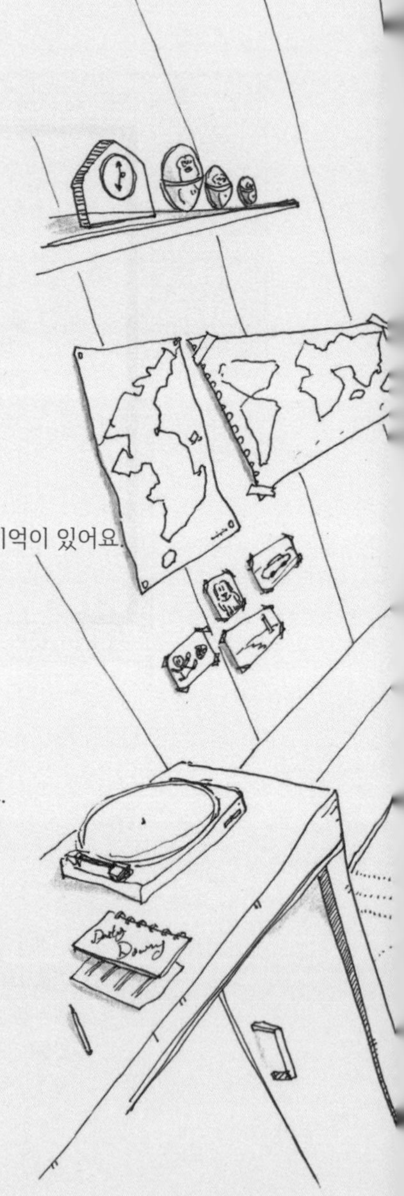

천장이 높지 않아 무릎을 꿇고 이동했던 기억이 있어요.

좁지만 아담했고 서로의 살을 부대끼며

한없이 따뜻하게 보냈던 공간.

지금은 그 추억의 공간이 사라졌지만

언젠가는 다시 그 공간을 느껴보고 싶어요.

Cola

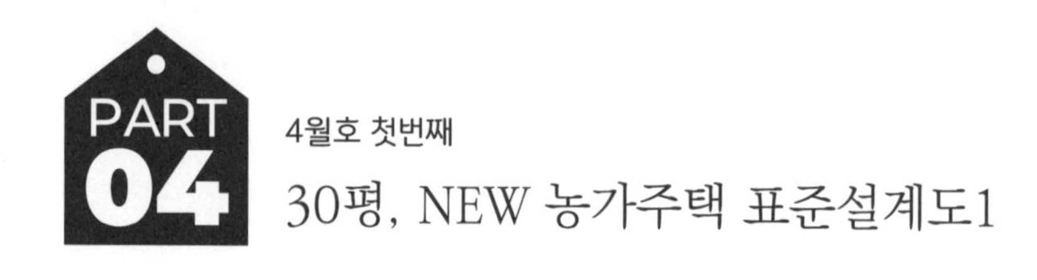

4월호 첫번째

30평, NEW 농가주택 표준설계도1

STORY

“국민주택 평수는 몇 평일까요?”

‘국민’이라는 단어를 붙인다는 건 그만큼 많은 사람이 관심을 두고 찾는다는 것을 뜻하겠죠. 우리가 매달 상담하는 숫자를 기록하고 서로 피드백하는데 한 달 평균 80개 정도의 상담을 진행합니다.

“이 중 가장 많은 평수 문의가 몇 평일까요?”

이미 알고 계신 분들도 계시겠지만 상담 문의 중 50% 이상은 30평대 문의입니다. 그중 부모님 집을 짓는 분들의 문의를 분석해보면 거의 단층의 30평형이라고 할 수 있습니다. 그만큼 30평이라는 면적은 전원주택시장에서 가장 선호되는 평수 이면서 부담 없이 다가설 수 있는 면적으로 우리 마음속에 자리 잡은 것입니다.

이번 농가 주택 표준설계도 모델을 새롭게 기획하면서 면적부터 디자인, 금액, 마감재에 이르기까지 정말 많은 고민을 했습니다.

“어떻게 해야 금액적 부담이 없으면서 품질을 양보하지 않을 수 있을까?”

좋은 자재들로만 짓는 것이 가장 좋겠지만 그렇다면 건축비가 한도 끝도 없이 올라가겠죠. 현실에 맞게 균형 있게 유지해야 했습니다.

먼저 제가 가장 좋아하는 지붕 디자인인 박공지붕은 당연히 넣었고요. 경사도를 달리 디자인해 정면에서 보았을 때 클래식함 보다 모던함이 더 느껴지도록 디자인했습니다. 어찌 보면 외장재에 대한 부분이 가장 많은 건축비 추가를 발생시키는 요인인데요. 욕심부리지 않았습니다. 스타코플렉스 기반에 적삼목 사이딩을 조금 활용한 전면부로 클래식 + 모던 + 친환경의 느낌을 모두 주려고 했습니다.

이 모델은 실제로 춘천에 완공된 모델입니다. 1층 실면적에 30평을 모두 투자했기 때문에 실물로 보면 더 웅장한 느낌을 받을 수 있습니다.

절대로 기존의 농가 주택 표준모델들이 나쁜 것은 아닙니다. 충분히 한국 상황에 맞게 개발된 것은 분명하나 이미 10년도 넘은 모델이라는 것이 문제겠죠. 이미 공법 및 디자인이 많이 발전했거든요.

이번 월간 홈트리오 4월호 모델에서 대단히 새로운 것을 제안한 것은 아니지만 현실에 맞게 가성비 높은 농가 주택모델을 새롭게 제안했다는 것에 그 의의가 있습니다. 한 번 짓는 집 예쁘고 따뜻하고 비 안 새는 집으로 짓는 것. 집은 이 세 가지만 만족해도 훌륭한 집으로 평가할 수 있습니다.

#농가주택표준설계도 #농가주택 #단층집 #가성비 #데크

공법 : 경량목구조
건축면적 : 99.93 m^2
1층 면적 : 99.93 m^2
2층 면적 : 00.00 m^2

지붕마감재_ 아스팔트쉬글 / 외벽마감재_ 스타코플렉스 / 포인트자재_ 파벽돌, 루나우드 / 실내벽마감재_ 실크벽지 / 실내바닥마감재_ 강마루 / 창호재_ 미국식 3중 시스템창호

예상 총 건축비 : 151,000,000원 (부가세 포함, 산재보험료 포함 / 설계비, 인허가비, 구조계산 설계비 별도)

설 계 비 : 4,500,000원 (부가세 포함) | 구조계산 설계비 : 3,000,000원 (부가세 포함)

인허가비 : 3,000,000원 (부가세 포함) | 인테리어 설계비 : 3,000,000원 (부가세 포함)

✓ 건축비 외 부대비용 : 대지구입비, 가구(싱크대, 신발장, 붙박이장), 기반시설 인입(수도, 전기, 가스 등), 토목공사, 조경비 등

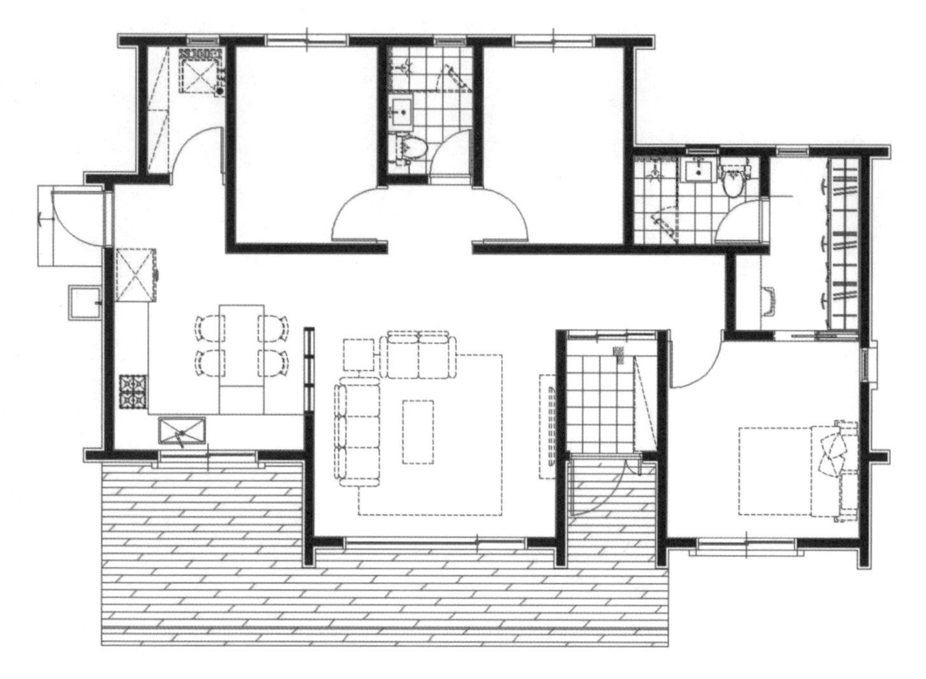

이동혁 건축가 : 농가주택 표준모델을 기획한다고 했을 때 많은 반대가 있었어요. 잘해봐야 본전이라는 말들이 많았거든요. 하지만 조금은 현 트렌드에 맞게 바꿔보자고 제안했습니다. 그 결과 저렴하면서 따뜻하고 예쁜 농주택 표준모델이 만들어질 수 있었습니다.

임성재 건축가 : 집은 일단 따뜻하고 비가 안 새는 설계를 해야 합니다. 설계를 엉망으로 해놓고 시공자 보고 알아서 지으라고 하면 애초에 말도 안 되는 집이 탄생하는 것이죠. 이번 모델처럼 3중 시스템창호 기본에 단열재 가등급. 거기에 안

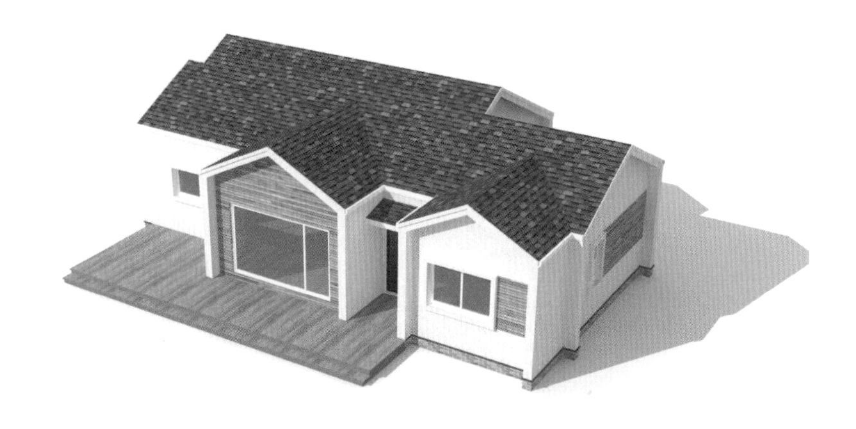

정한 박공지붕까지. 어찌 보면 가장 하자가 적은 디자인으로 만들었다고 생각하시면 될 것 같아요.

정다운 건축가 : 30평 주택이니 작을 줄 알았죠? 방 3개에 화장실 2개 거기에 넓은 거실과 주방까지. 욕심만 내지 않는다면 이번 농가주택 표준모델처럼 짜임새 있는 집을 가성비 높은 금액에 완공시킬 수 있답니다.

4월호 두번째

30평, 꿈꾸던 다락방을 갖다

STORY

아파트 가격이 내려가면서 반대로 전원주택에 대한 수요가 급격히 늘어나고 있습니다. 투자 목적에서 벗어나 이제는 마당 있는 집에서 살겠다는 의지가 투영되고 있는 것이겠죠. 특히 경기도권에서 전원주택 단지 개발이 폭발적으로 늘어나고 있고, LH 등 공기업과 롯데, SK 등 대기업에서도 전원주택 단지를 개발하고 있어 앞으로 전원주택 시장은 현재 가치보다 2배 이상 평가가 상승할 것으로 예상됩니다.

이런 열풍 속에서 본격적으로 집을 지어 살겠다는 분들의 상담 문의가 끊이지 않고 있는데요. 많은 분께서 단순히 땅을 구매하면 내가 원하는 데로 집을 지을 수 있다고 생각하지만, 현실은 생각처럼 녹록지 않습니다. 그나마 조금 공부를 한 후 땅을 구매하고 상담받으러 오시는 분들의 경우는 이 땅에 어떤 건축법규가 걸려있고 얼마만큼 지을 수 있으며, 어느 정도 높이까지 시공할 수 있다는 것을 알고 계시지만 대부분의 건축주님께서는 이런 사항들을 모르고 위치만 검토한 후 덜컥 사는 경우가 많습니다.

이런 이야기를 하는 가장 큰 이유는 땅에 있습니다. 예를 들어 최근 경기도 용인에 단지로 조성된 토지의 가격이 평당 500만 원 이상인 것을 확인할 수 있었습니다. 이것도 저렴한 편에 속하며 역세권이나 도심지로 갈수록 평당 1000만 원을 넘게 호가합니다. 평균으로 평당 500만 원을 잡고

계산하면 100평의 땅을 구매하기 위해 5억이라는 비용이 필요하죠.

이 기준을 설명해 드린 것은 대부분의 건축주님이 원하는 땅의 면적이 100평이기 때문입니다. 땅이 100평 정도 되어야 내가 원하는 면적만큼 집을 짓고 나름 넓은 앞마당을 가질 수 있기 때문입니다.

100평의 땅. 그리고 건폐율 20% 정도의 조건. 아마 이 조건이 경기도권에서 가장 많이 구할 수 있는 전원주택 단지의 토지일 것입니다.

월간 홈트리오 4월호 두 번째 모델은 이런 대지에 적합한 모델을 제안하는 것에 초점을 두어 설계가 진행되었으며, “좁은 땅에도 이러한 설계적 방법으로 집을 지을 수 있구나!”라는 것을 제시하고자 했습니다.

30평의 소형평수지만 3개의 방을 구성하고 개방감 있는 거실과 주방, 그리고 다락 공간까지. 저렴한 건축비는 덤이겠네요.

국민주택 평수 30평으로 구성된 이번 모델. 아이들이 좋아하는 다락방까지 구성된 이번 모델은 전원생활을 처음 시작하는 분에게 기준이 되는 모델이라고 생각합니다.

#다락방 #30평 #국민주택평수 #모던스타일 #심플

PART 04

4월호 두번째

꿈꾸던 다락방을 갖다

공법 : 경량목구조
건축면적 : 100.13 m²
1층 면적 : 77.00 m²
2층 면적 : 23.13 m²

지붕마감재_ 아스팔트쉬글 / 외벽마감재_ 스타코플렉스 / 포인트자재_ 파벽돌, 루나우드 / 실내벽마감재_ 실크벽지 / 실내바닥마감재_ 강마루 / 창호재_ 미국식 3중 시스템창호

예상 총 건축비 : 156,000,000원 (부가세 포함, 산재보험료 포함 / 설계비, 인허가비, 구조계산 설계비 별도)

설 계 비 : 4,500,000원 (부가세 포함) | 구조계산 설계비 : 3,000,000원 (부가세 포함)

인허가비 : 3,000,000원 (부가세 포함) | 인테리어 설계비 : 3,000,000원 (부가세 포함)

✓ 건축비 외 부대비용 : 대지구입비, 가구(싱크대, 신발장, 붙박이장), 기반시설 인입(수도, 전기, 가스 등), 토목공사, 조경비 등

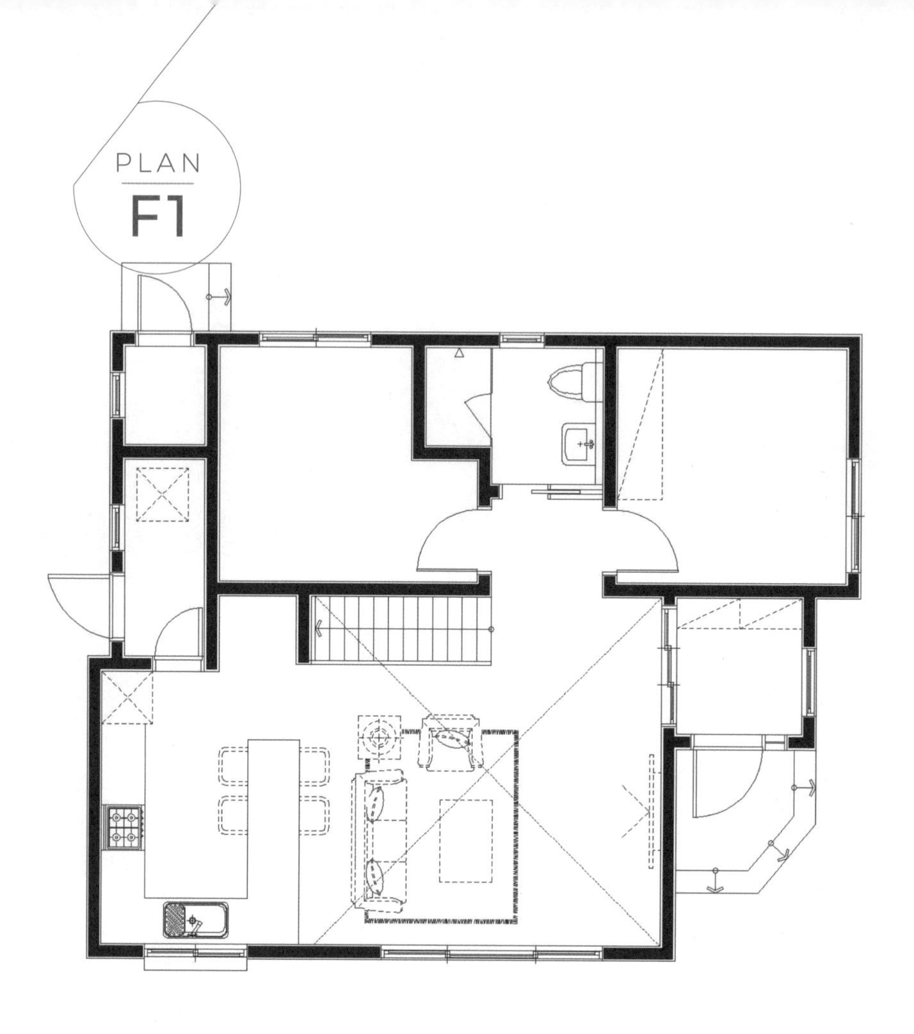

이동혁 건축가 : 단순히 박스형으로만 디자인한다고 해서 모던 스타일은 아니에요. 이번 모델처럼 외쪽지붕과 박스 입면을 잘 조합하면 재미있고 독특한 주택을 탄생시킬 수 있답니다.

임성재 건축가 : 좁은 대지에 최적화된 주택 설계라고 할 수 있습니다. 1층에는 거실, 주방 공간을 오픈하고 방을 2개만 구성하면서 콤팩트 한 평면을 완성시켜주고, 2층에 오픈된 다목적 공간과 방을 만들어주어 게스트룸 용도로 활용할 수 있게 설계하였습니다.

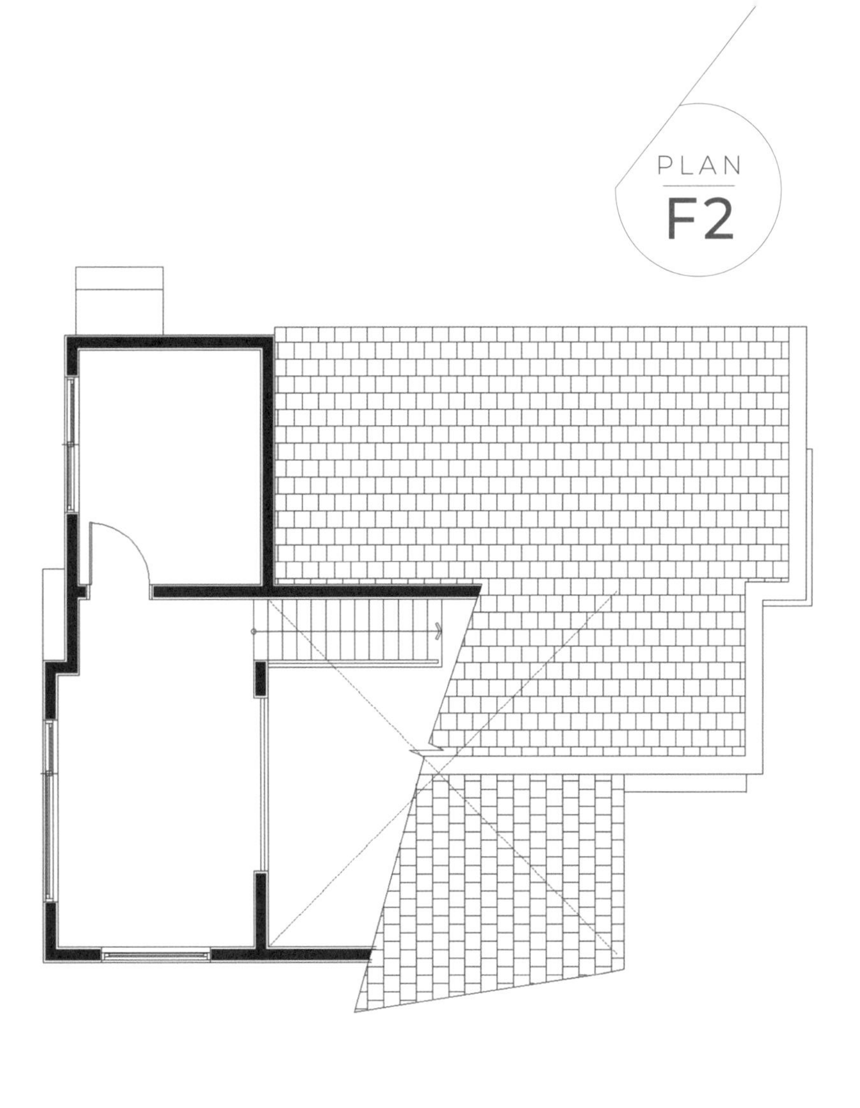

정다운 건축가 : 30평형 주택의 경우 세컨드 하우스가 많습니다. 무조건 모든 아이템 요소들을 다 넣어줄 것이 아니라 정말 필요한 공간만 추려 집을 짓는 것이 좋아요. 세컨드 하우스이고 주말용이라면 화장실 2개 만들 필요 없어요. 이번 모델처럼 차라리 거실과 주방에 그 공간을 할애하는 것이 좋을 방안 일 수 있습니다.

PART 05 도심에 짓는 단독주택

“여보 층간소음 때문에 죽겠어”

“아 또 뛰나 봐. 어떻게 좀 해봐”

아파트의 가장 큰 문제점 중의 하나가 바로 층간소음이죠.
다른 건 몰라도 회사에서 받는 스트레스를
집에서까지 받으니 정말 죽을 지경이에요.

저녁과 주말에는 정말 조용하게 지내고 싶은데.

“여보, 이참에 땅 사서 집 지을까?”

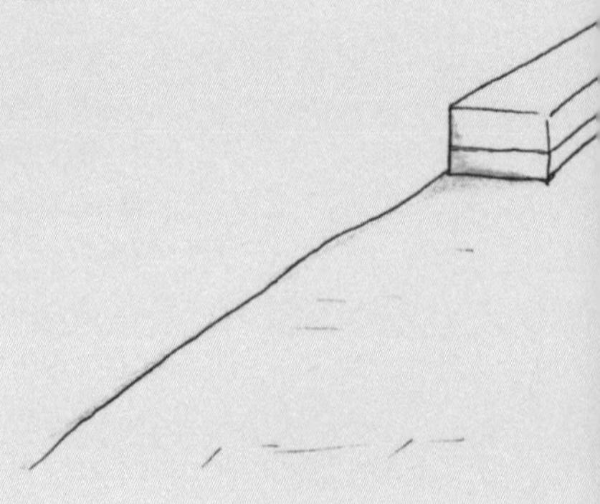

5월호 첫번째

52평, 도심형 단독주택을 짓다

STORY

조물주 위에 건물주라고 했던가요?
어느 순간 내 건물을 가진다는 것이 꿈인 세상이 되었네요.

막연한 집짓기, 어디서부터 시작해야 할지 모르겠는데 아파트는 싫고, 특별한 목적보다는 우리 가족이 따뜻하게 비 안 새는 집에서 사는 것을 언젠가부터 모든 분이 꿈 꾸는 것 같습니다.

작년에 한 방송사에서 서울의 자투리땅에 협소 주택을 지어 사는 한 가정을 방송하면서 도심에 단독주택을 지어 살겠다는 수요가 갑자기 몰린 적이 있습니다. 이런 수요를 반영한 협소주택, 땅콩주택 등 다양한 이름의 주택들이 탄생하기 시작했는데요. 남아있는 자투리땅에 집을 지어야 하는 문제다 보니 아무래도 설계에 따라 집에 대한 평가가 엇갈리기 시작했습니다.

자투리땅이 네모반듯하게 있을 거라는 생각은 처음부터 버리는 것이 좋습니다. 말 그대로 자투리땅이기 때문에 모양은 못생긴 것이 정상입니다. 특히 사각형으로 나눈 나머지 부분의 자투리땅을 구매하시는 분들이 많아 삼각형 모양의 땅이 압도적으로 많이 발생하였고 저희한테 상담 주시는 내용도 80% 이상이 삼각형 땅이었습니다.

넓고 반듯한 땅에 짓는 전원주택과 협소한 땅에 짓는 단독주택은 말 그대로 설계의 시작점이 서로 완전히 다릅니다. 내가 원하는 공간을 먼저 구성하는 것이 아닌 땅에 걸려있는 법규를 먼저 해석하고 법적인 제한 테두리를 잘라내고 남은 공간에 주차공간과 계단실, 그리고 실 등을 구성해야 합니다.

가장 애매하게 생각하는 부분은 어쩔 수 없는 삼각형 꼭지 부분인데요. 우리는 이 부분을 다용도실 및 발코니 등으로 활용해서 문제가 될 수 있는 부분을 하나씩 해결했습니다.

"도심의 자투리 땅을 이용해 우리 가족만의 집을 짓고자 하나요?"

이번 월간 홈트리오 5월호 첫 번째 모델을 눈여겨 봐주시기 바랍니다.

#단독주택 #나만의집 #부러움 #건물주 #개인주차장

PART 05

5월호 첫번째

도심형 단독주택을 짓다

공법 : 경량목구조
건축면적 : 170.21 m²
1층 면적 : 21.21 m²
2층 면적 : 75.04 m²
3층 면적 : 73.96 m²

지붕마감재_ 리얼징크 / 외벽마감재_ 청고벽돌 / 포인트자재_ 루나우드 / 실내벽마감재_ 실크벽지 / 실내바닥마감재_ 강마루 / 창호재_ 미국식 3중 시스템창호

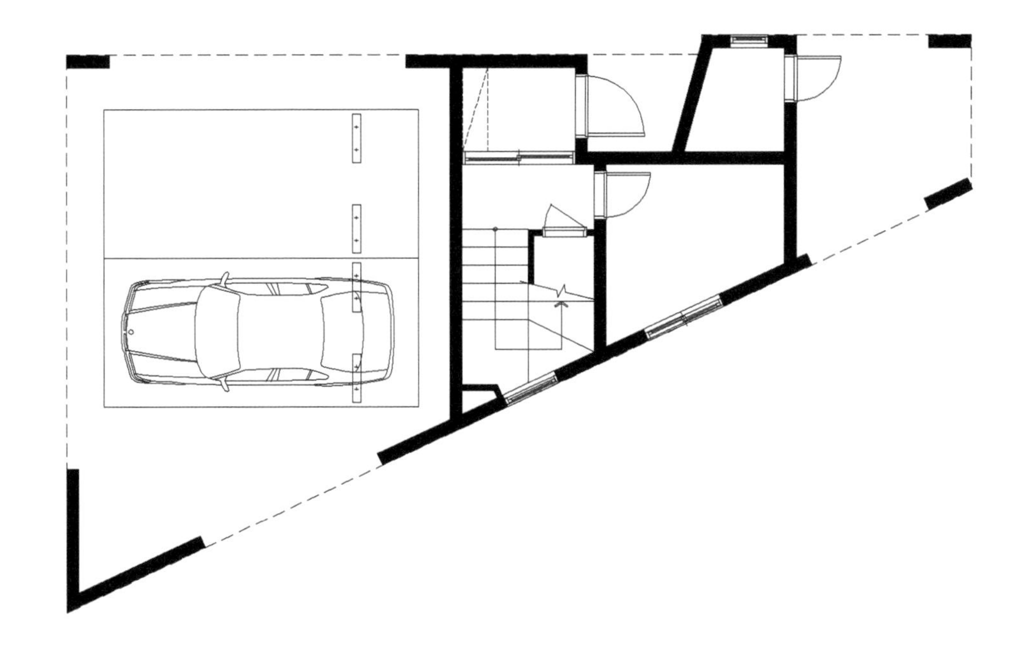

예상 총 건축비 : 410,000,000원 (부가세 포함, 산재보험료 포함 / 설계비, 인허가비, 구조계산 설계비 별도)

설 계 비 : 7,800,000원 (부가세 포함) | 구조계산 설계비 : 5,200,000원 (부가세 포함)

인허가비 : 5,200,000원 (부가세 포함) | 인테리어 설계비 : 5,200,000원 (부가세 포함)

✔ 건축비 외 부대비용 : 대지구입비, 가구(싱크대, 신발장, 붙박이장), 기반시설 인입(수도, 전기, 가스 등), 토목공사, 조경비 등

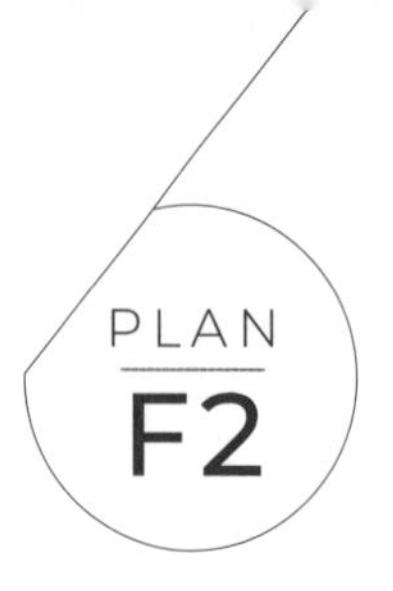

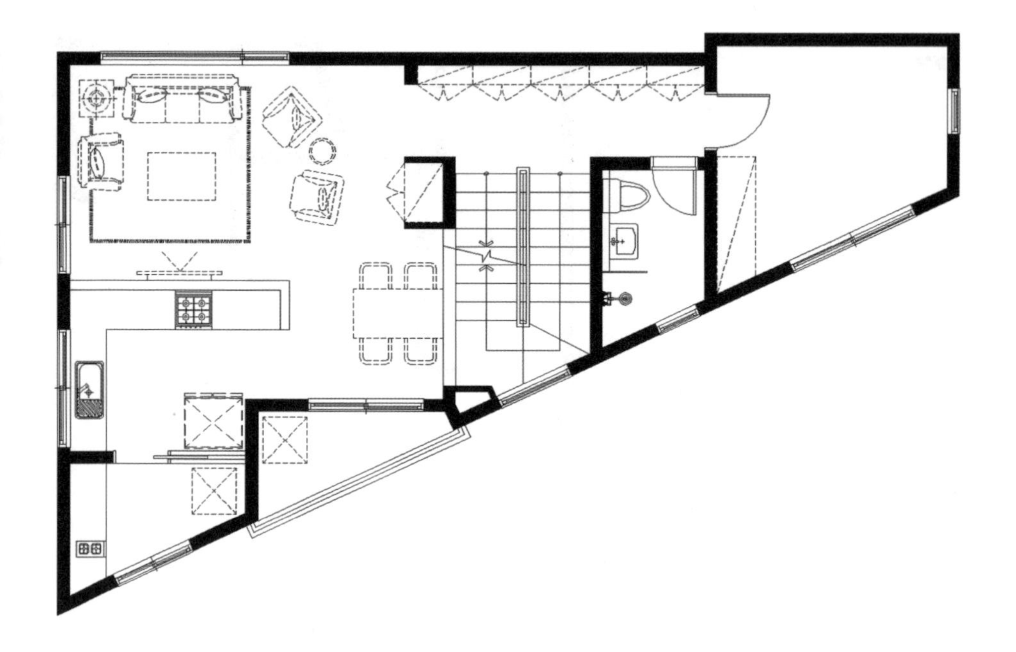

이동혁 건축가 : 도심형 단독주택의 정석과도 같은 설계라고 할 수 있어요. 삼각형 자투리 땅에 주차장과 4인 가족이 생활하기에 충분한 공간을 만들어 낸다는 것. 어찌 보면 어려운 일일 수도 있긴 하지만 이번 모델처럼 땅에 맞는 설계를 진행한다면 생각지도 못한 멋진 집이 만들어질 거예요.

임성재 건축가 : 1층 공간에 대한 고민이 정말 많았습니다. 어떠한 공간으로 채워 넣을까? 저희 셋이 고민한 끝에 주차대수를 1대 더 늘려 2대를 세울 수 있게 하고 2층은 공용공간으로 3층은 방이 위주인 개인 공간으로 구성하기로 했어요.

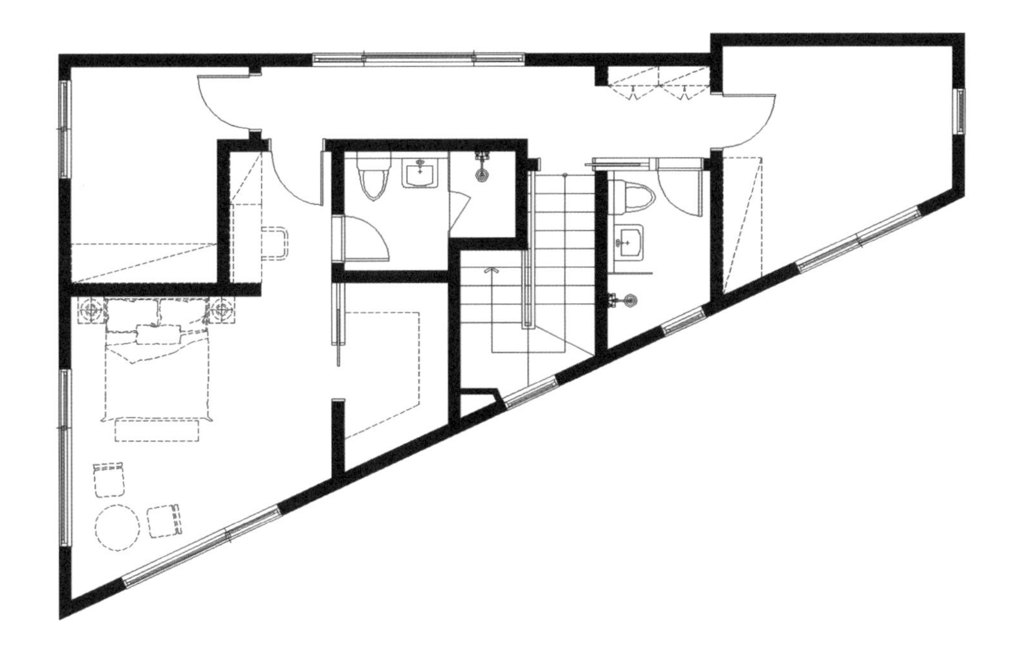

정다운 건축가 : 삼각형 땅이기 때문에 공간을 어떻게 나누어 줄 것이냐가 가장 관건이었습니다. 결국에 공간은 사각형 안에 들어가야 되기 때문에 삼각형 나머지 공간들을 방이 아닌 다용도실과 베란다, 그리고 드레스룸 같은 공간으로 배치하여 낭비되는 공간 없이 모든 공간을 찾아먹을 수 있게 설계한 주택입니다.

5월호 두번째

36평, 예쁜 전원주택의 정석

STORY

"집은 예쁘게 짓고 싶은데 돈이 부족하고, 인터넷에 보니 좋은 외장재들은 많은데 역시 돈이 부족하네요."

집을 본격적으로 설계하기 전에는 대부분 건축주가 이상향에 가까운 꿈을 가지고 있는데요. 막상 설계에 들어가고 건축비를 산정하는 단계가 되면 비용 부족으로 많은 실망감과 약간의 좌절감을 느끼게 됩니다. 건축비 예산을 잡을 때 참고할 수 있는 것은 대부분 인터넷에 떠도는 평당 단가인데요. 저뿐만 아니라 많은 분이 이야기하듯 평당 단가는 대략의 가격일 뿐 절대로 정확한 가격이 아닙니다.

다 지어져 있는 아파트에 인테리어 공사만 새로 해도 30평 기준에 평균 4천만 원이 들어간다고 하는데 신축 주택 입장에서 그보다 많이 들면 들었지 절대로 적게들 리가 없거든요.

제가 5년 전부터 진행했던 프로젝트의 하단에 실제 계약된 금액을 적어서 올리고 있어요. 물론 홈페이지에도 건축비부터 설계비, 인허가비, 그리고 인테리어 설계에 들어간 비용까지 다 적어서 올리고 있는데요. 항상 달리는 댓글은 비싸다는 것이에요. 제가 건축비를 과감하게 공개할 수 있었던 이유는 마진을 최소 마진율인 20%로 정해 놓은 다음 자재비를 산정하고 인건비와 장비대 등을 역으로 산정해 현실적인 금액을 만들어 놓았다고 생각하기 때문이에요. 저희는 언제든지 유동적으로 프로젝트를 진행하기 위해서 조직의 몸집을 작게 만들었어요. 예전에 70명까지 직원을 늘려봤지만, 수익이 늘어나는 것보다 고정비용이 더 늘어나서 오히려 건축비를 더 올려 받아야 하는 웃지 못할 상황들이 있었습니다.

건축비는 현실이라고 설명해 드리고 싶어요. 마음속에 저렴한 건축비로 멋진 집을 지으려는 생각이 있겠지만 가족도 아닌 남이 내 집을 저렴하게 지어줄 이유는 없습니다. 어차피 들어가야 할 돈은 다 들어갑니다. 처음에 다 알고 시작하는지, 아니면 나중에 알 것인지의 차이일 뿐이겠죠.

건축비에 대한 부분을 길게 이야기했는데요. 집을 짓는데 가장 관건이 바로 비용이기 때문에 이런 이유를 설명해 드렸습니다. 예쁜 집을 짓든, 튼튼한 집을 짓든 결국에는 돈과 관련되어 있거든요.

적은 돈으로 예쁜 집을 짓는다는 것?

대부분의 사람은 외장재와 인테리어 자재를 상급으로 써야만 좋은 집이 되고 예쁜 집이 된다고 생각하는데, 과연 정말 그럴까요?

이번 매거진의 내용을 다음의 질문으로 정리해 드리고 싶어요.

"예쁜 집을 지으려면 어떻게 하는 것이 좋아요?"

이 질문의 답은

"외부에 덜 붙이고 많이 덜어내고 일부분에만 포인트를 넣으세요. 그러면 과하지 않은 아름다움이 집에 완성될 것입니다."

#흐뭇 #랜드마크 #예쁜집 #카페인줄 #4인가족

PART 05

5월호 두번째

예쁜 전원주택의 정석

공법 : 경량목구조

건축면적 : 118.23 m²

1층 면적 : 79.00 m²

2층 면적 : 39.23 m²

지붕마감재_ 아스팔트쉉글 / 외벽마감재_ 스타코플렉스 / 포인트자재_ 파벽돌 / 실내벽마감재_ 실크벽지 / 실내바닥마감재_ 강마루 / 창호재_ 미국식 3중 시스템창호

예상 총 건축비 : 182,300,000원 (부가세 포함, 산재보험료 포함 / 설계비, 인허가비, 구조계산 설계비 별도)

설 계 비 : 5,400,000원 (부가세 포함) | 구조계산 설계비 : 3,600,000원 (부가세 포함)

인허가비 : 3,600,000원 (부가세 포함) | 인테리어 설계비 : 3,600,000원 (부가세 포함)

✓ 건축비 외 부대비용 : 대지구입비, 가구(싱크대, 신발장, 붙박이장), 기반시설 인입(수도, 전기, 가스 등), 토목공사, 조경비 등

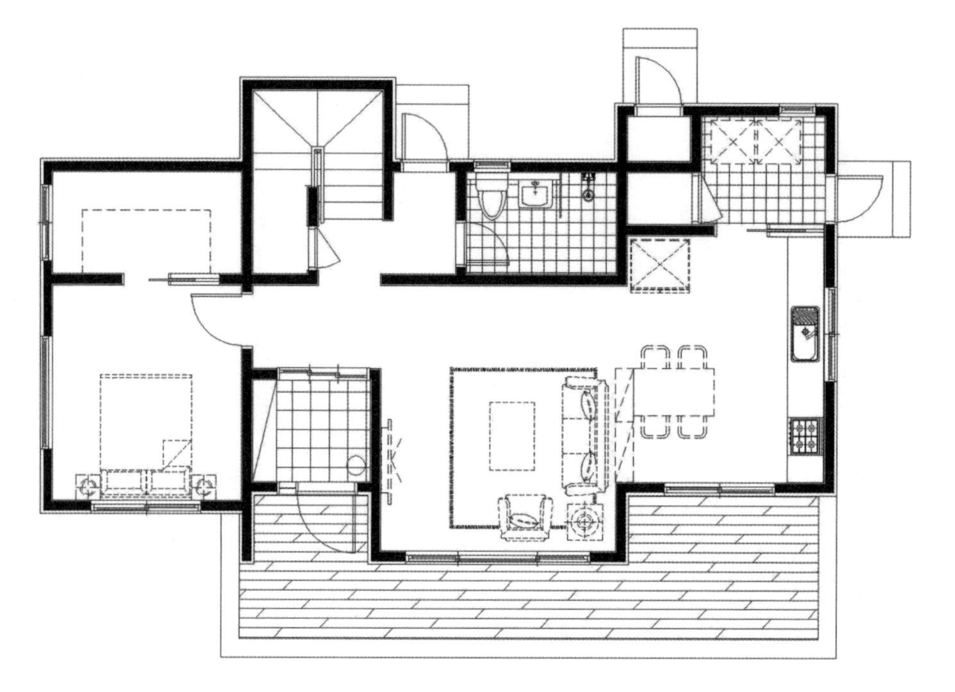

이동혁 건축가 : 집이 예뻐 보일 수 있는 포인트요? 과하게 디자인하기보다는 덜어내는 디자인을 해보세요. 집에 넣는 외장재도 포인트적으로 힘을 줄 때만 줘야지 마구잡이로 줘서는 오히려 난잡해 보인답니다. 예쁜 집을 짓고 싶으신가요? 그렇다면 최대한 비워내고 덜어내고 정말 내가 원하는 딱 한 부분만 포인트를 줘서 디자인해 보세요.

임성재 건축가 : 창문 블랙 랩핑은 쉽게 말해 눈에 아이라인을 그려 좀 더 또렷하게 보이게 하는 효과를 주는 거예요. 보통 창문 가격에 20% 정도 업되는 비용으로 외부 랩핑을 진행할 수 있습니다. 집 디자인이 너무 심심해 보이거나 무언가

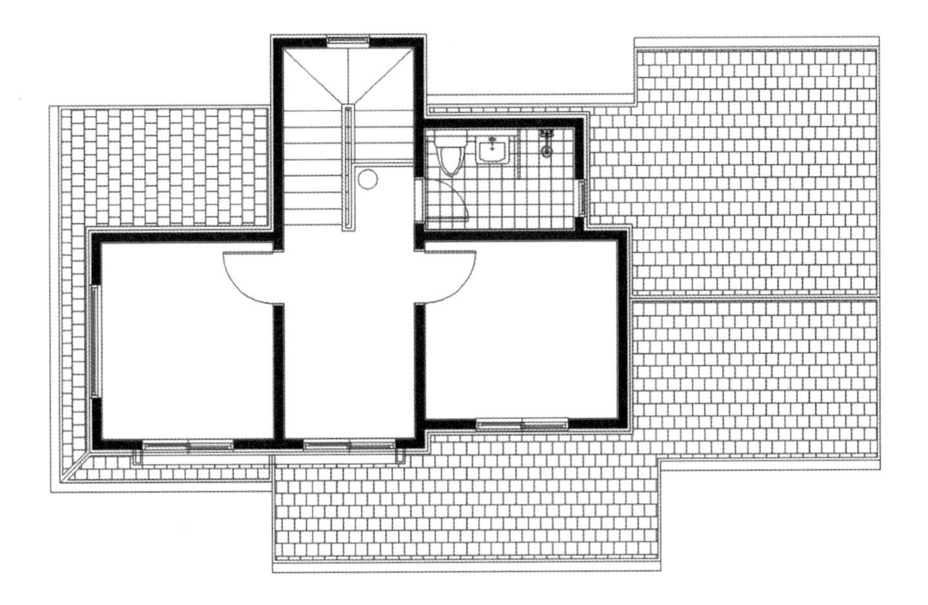

포인트적인 부분을 더 넣어주고자 할 때 적은 비용으로 큰 효과를 볼 수 있는 방법이랍니다.

정다운 건축가 : 박공지붕을 엇갈려 디자인만 해도 새로운 느낌의 외관을 만들어 낼 수 있답니다. 목조주택에서는 무조건 지붕을 씌우는 것을 추천합니다. 간혹 옥상을 무조건 사용해야 하니 억지로라도 만들어 달라고 하시는 분들이 계신데 목조던 철근콘크리트 공법이던 옥상을 만드는 순간 방수에 취약점을 남길 수밖에 없습니다. 4년에 한 번씩 방수를 새로 하고 싶지 않다면 가급적이면 지붕을 덮어 안전하게 짓는 것을 추천드립니다.

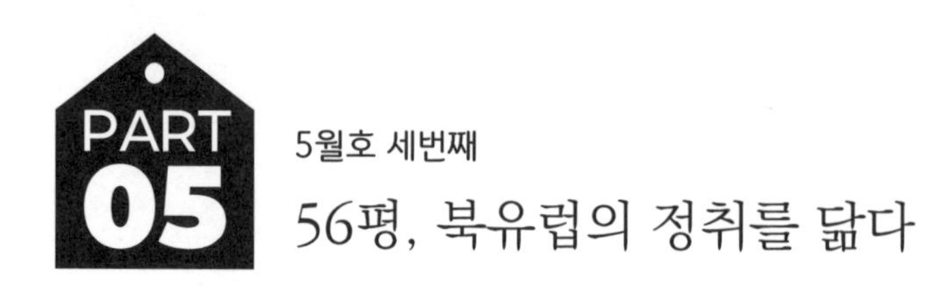

5월호 세번째

56평, 북유럽의 정취를 닮다

STORY

"한국만의 건축 스타일은 어떤 것이 있을까요?"

한국 하면 떠오르는 이미지, 이 질문에 백이면 백 한옥을 이야기할 것입니다. 하지만 전통 한옥을 쉽게 접할 수 있는 시대일까요? 답은 이미 알고 계시겠지만 'NO' 입니다. 한옥은 대표적인 한국 전통 주택 양식이지만 쉽게 접하기 어렵고 관광지인 한옥마을에 가야만 그 숨결을 느낄 수 있는 시대가 된 지 오래입니다. 그렇다고 80~90년대를 주름잡았단 획일적인 단독주택을 한국의 대표적인 이미지로 꼽는 것도 문제가 많죠.

2019년 현재 집이란 이미지는 우리에게 정말 다양하게 다가옵니다. 어떤 특정 이미지를 집이라 부르는 것에서 벗어나 그동안 국내에 없었던 이국적인 이미지도 한국에 맞게 변형하여 그 나름대로 의미를 부여하고 있는 것이죠.

국내에서 이국적인 주택 이미지를 이야기했을 때 가장 친근하고 많이 접해본 이미지는 주황빛 기와의 북유럽식 주택일 것입니다. 경상도의 독일마을은 마을 전체가 통일된 이미지로 아름답고 이국적인 모습의 단지를 형성하고 있는데요. 다소 차가운 모던 스타일이 아닌 따뜻하고 무게감 있는 집을 원하는 분에게는 스페니쉬 기와의 북유럽식 주택을 권해드리고 싶습니다.

정통 북유럽 스타일의 전원주택을 설계하기 위해서는 다른 무엇보다 색감과 라운드 져진 기둥, 입구 부분이 핵심입니다. 또 다른 포인트는 창문과 창문 옆의 나무문인데 한국에서는 단열 때문에 시스템창호를 적용했고 이것은 한국 시장에 맞게 조금 변형이 된 부분이라 할 수 있겠네요.

이번 주택을 설계하고 기획할 때 가족 구성원을 6인으로 책정하고 시작했습니다. 부부와 두 자녀, 그리고 할머니, 할아버지 총 3대가 같이 거주하는 가정으로 프로젝트를 진행했고 실제 홍천에 똑같이 지은 주택이 완공됐습니다. 오픈 천장 옵션을 적용해 거실 부분의 층고가 2층까지 개방되도록 디자인했는데요. 다들 아시겠지만 시각적인 개방감은 극대화되지만 반대로 겨울에는 그 공간을 데우는 데 시간이 오래 걸리기 때문에 벽난로는 필수로 계획되어야 합니다.

북유럽 감성을 집에 담는 일. 그리고 그것을 현실화시키는 일.
어려운 일이지만 한국 환경에 맞는 북유럽식 전원주택을 짓는다는 것.
우리만의 해석으로 완성된 모델이지만 여러분들의 첫 전원생활에 충분한 행복과 만족을 줄 수 있는 집이 되었으면 합니다.

#기와집 #스페니쉬기와 #테릴기와 #북유럽 #고급주택

PART 05

5월호 세번째

북유럽의 정취를 닮다

공법 : 경량목구조
건축면적 : 185.06 m^2
1층 면적 : 113.99 m^2
2층 면적 : 71.07 m^2

지붕마감재_ 스페니쉬기와 / 외벽마감재_ 스타코플렉스 / 포인트자재_ 파벽돌 / 실내벽마감재_ 실크벽지 / 실내바닥마감재_ 강마루 / 창호재_ 미국식 3중 시스템 창호

예상 총 건축비 : 338,500,000원 (부가세 포함, 산재보험료 포함 / 설계비, 인허가비, 구조계산 설계비 별도)

설 계 비 : 8,250,000원 (부가세 포함) | 구조계산 설계비 : 5,500,000원 (부가세 포함)

인허가비 : 5,500,000원 (부가세 포함) | 인테리어 설계비 : 5,500,000원 (부가세 포함)

✓ 건축비 외 부대비용 : 대지구입비, 가구(싱크대, 신발장, 붙박이장), 기반시설 인입(수도, 전기, 가스 등), 토목공사, 조경비 등

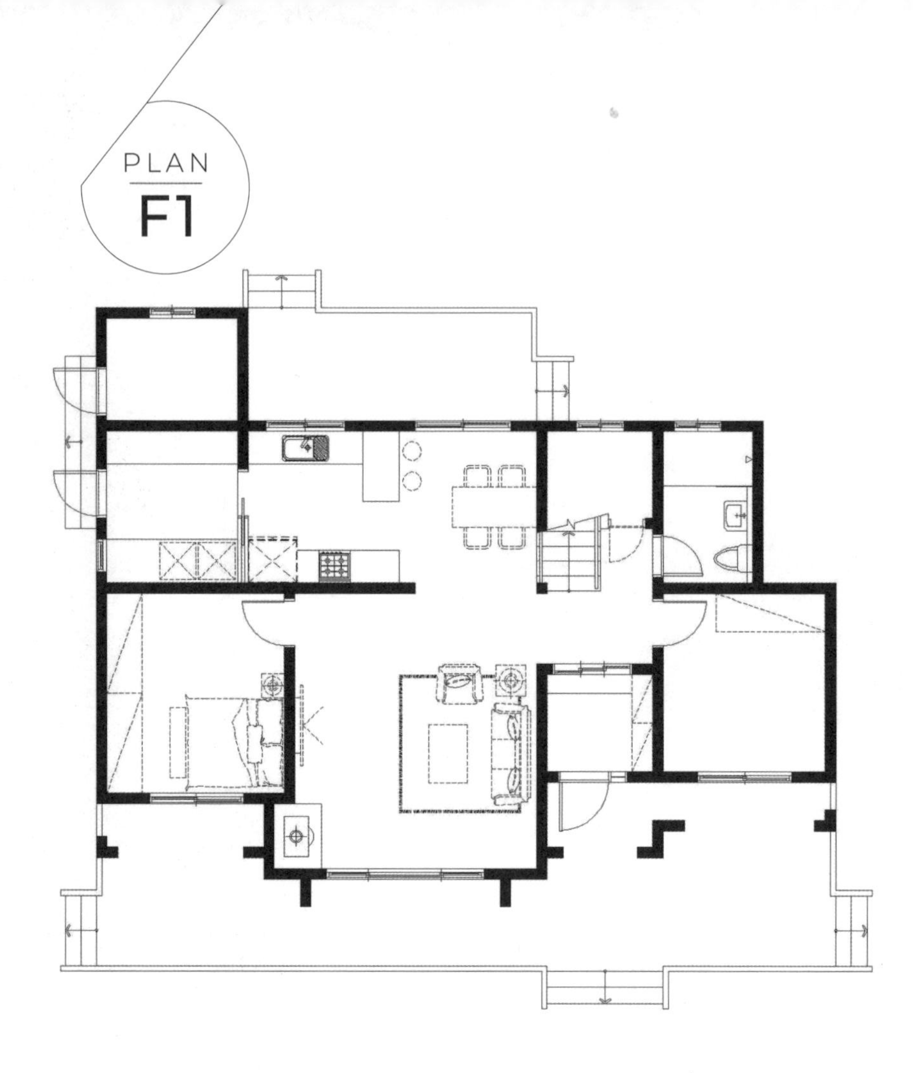

이동혁 건축가 : 　'고즈넉하다'라는 단어가 어울리는 주택은 주황빛 기와가 올라간 북유럽 스타일의 전원주택인 것 같습니다. 언제 보아도 그 자리에 있을듯한 든든함과 이국적인 느낌의 분위기가 가져다주는 감성적인 부분. 조금은 안정감 있고 무게감 있는 주택을 원하신다면 스페니쉬 기와가 올라간 북유럽식 전원주택을 한번 지어보시는 것이 어떨지 조심스럽게 추천드려봅니다.

임성재 건축가 : 　발코니의 경우 1층에 내려오지 않더라도 외부의 환경을 내 몸으로 맞이할 수 있는 유일한 공간이에요. 창문을 열고 바람을 쐬는 것과 완전히 밖으로 나가 발코니에서 외부 환경과 바람을 맞는 느낌은 완전히 틀리거든요. 너무 넓

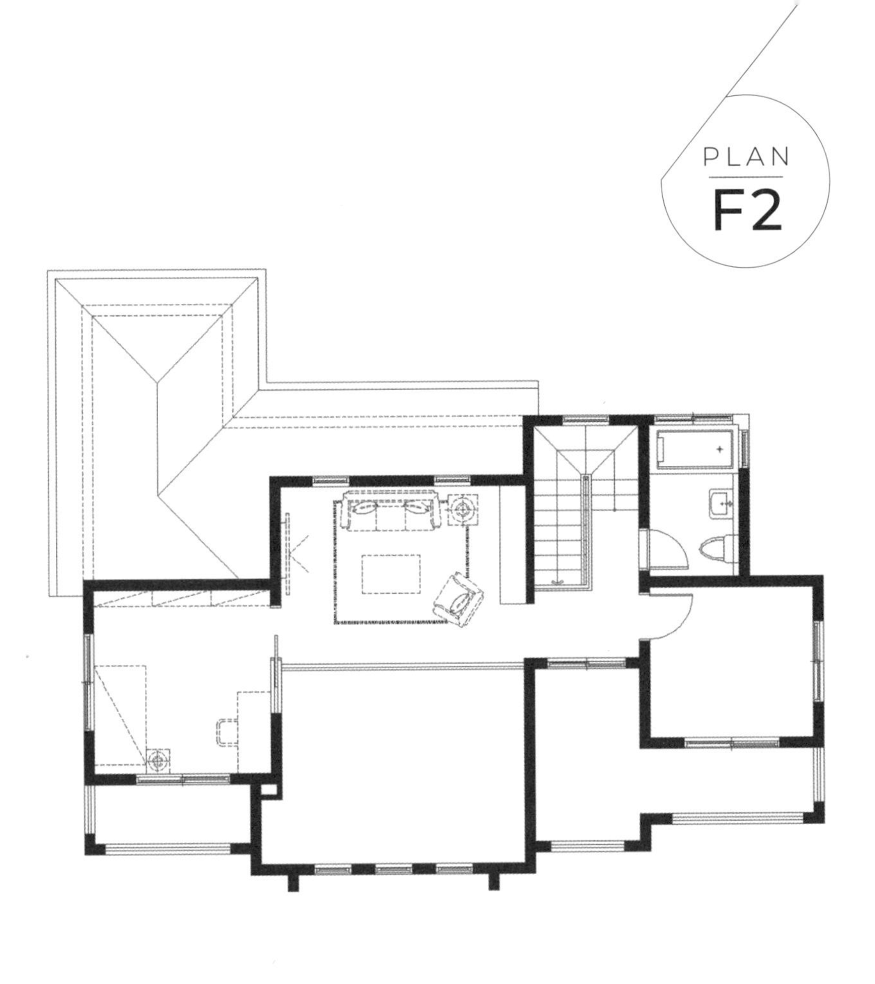

게 할 필요는 없지만 기회가 되신다면 2층에 발코니를 조금이라도 만들어 보시는 것이 어떨지 제안드려봅니다.

정다운 건축가 : 2층 가족실은 또 다른 멀티룸이라고 할 수 있습니다. 단순히 잠만 자는 공간이 아닌 다양한 활동을 겸할 수 있는 공간인데요. 1층은 공용공간으로서 역할이 더 크기 때문에 개인적인 취미 활동을 하기 어려운 부분들이 있습니다. 하지만 2층의 경우 프라이버시가 지켜지는 공간이므로 이번 모델처럼 아이들 방 사이에 단순한 복도가 아닌 가족실을 구성해 1층에서 누리지 못한 또 다른 라이프스타일을 새롭게 창출해 낼 수 있을 거라 생각합니다.

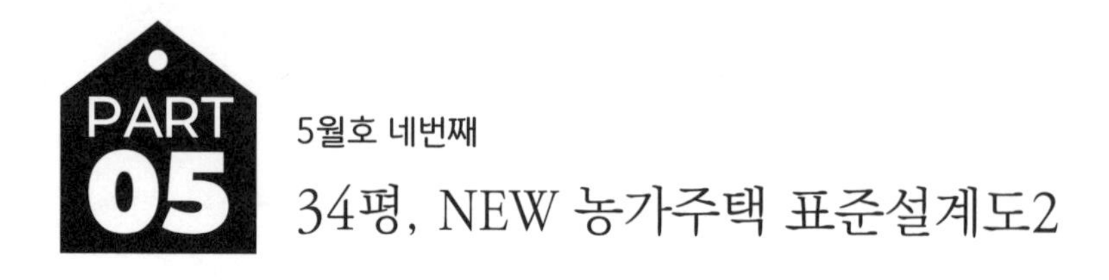

PART 05

5월호 네번째

34평, NEW 농가주택 표준설계도2

STORY

NEW 농가 주택 표준설계도 첫 번째 모델을 발표하고 정말 많은 문의를 받았습니다. 기존의 농가 주택 표준모델들이 이미 10년 전에 기획되었던 모델들이다 보니 트렌드나 현실에 맞지 않는 부분이 많았죠.
특히 건축법에서 많은 차이를 보였는데요. 단열과 내진설계는 10년이라는 시간 동안 많은 발전을 이루면서 현 건축법규도 많이 강화되었습니다.

예전 주택모델을 그대로 짓는 것을 휴대폰으로 비유하면 10년 전에 출시한 휴대폰을 지금 개통해서 사용하는 것과 같다고 설명해 드리고 싶네요. 기술의 발전은 무섭도록 빠르게 진행됐습니다. 또한, 집을 짓는 연령층도 젊어지면서 해외에 있는 사례들을 직접 조사해 집을 짓는 분들까지 생겼죠.

이번 농가 주택 표준설계도 두 번째 모델의 기획에서 가장 큰 고민은 “어떻게 하면 품질을 양보하지 않으면서 가성비 높은 금액으로 완공할 수 있을까?” 였습니다. 이에 더해 또 다른 고민은 외관에 대한 다양한 취향이었는데요. 모던스타일과 북유럽식 기와집에 대한 호불호가 극명하게 갈린다는 문제였습니다.
이 고민을 해결하기 위해 퓨전 방식의 디자인도 해보고 완전히 새로운 나라의 느낌을 담아보기도 했었는데요. 너무 이질적인 느낌을 담아내려고 하다 보니 이도 저도 아닌 집이 탄생하기도 했습니다.

다시 원점으로 돌아가서 이 집에 살게 될 사람에 대한 부분부터 다시 정했습니다. 젊은 분들도 농촌에 많이 살고 계시지만 농가주택을 짓는 대부분의 연령층은 우리 부모님 세대입니다. 젊은 분들은 본인만의 라이프스타일을 담아내려고 하므로 표준모델이라는 것 자체가 맞지 않는 옷이라 생각합니다.

그래서 타겟을 50대 이상 연령의 부모님 층으로 고정했고 4인 가족 기준보다는 노후에 두 분만 거주하시는 상황으로 설정했습니다. 너무 차갑고 딱딱 떨어지는 선보다 조금은 따뜻하고 뭉뚱그려지는 느낌으로 집을 설계했고 그 이미지에 가장 부합하는 기와와 북유럽의 느낌을 가미해 단층 전원주택을 완성했습니다.

화룡점정이라고 하죠. 어르신들을 옆에서 지켜보니 바둑을 두는 취미는 대부분 가지고 계시더라고요. 그래서 거실 위쪽에 따로 평상을 만들어 바둑에 집중할 수 있는 공간을 만들어 주었습니다. 상담하면서 많은 분께 설문 조사를 하니 외관 이미지와 방에 대한 구성보다는 이 부분을 가장 좋아했다는 내용도 살짝 전해드립니다

#농가주택 #표준설계도 #고즈넉한 #유럽여행 #부모님이좋아함

PART 05

5월호 네번째

NEW 농가주택 표준설계도2

공법 : 경량목구조
건축면적 : 112.07 m^2
1층 면적 : 112.07 m^2
2층 면적 : 00.00 m^2

지붕마감재_ 스페니쉬기와 / 외벽마감재_ 스타코플렉스 / 포인트자재_ 파벽돌 / 실내벽마감재_ 실크벽지 / 실내바닥마감재_ 강마루 / 창호재_ 미국식 3중 시스템 창호

예상 총 건축비 : 206,900,000원 (부가세 포함, 산재보험료 포함 / 설계비, 인허가비, 구조계산 설계비 별도)

설 계 비 : 5,100,000원 (부가세 포함) | 구조계산 설계비 : 3,400,000원 (부가세 포함)

인허가비 : 3,400,000원 (부가세 포함) | 인테리어 설계비 : 3,400,000원 (부가세 포함)

✓ 건축비 외 부대비용 : 대지구입비, 가구(싱크대, 신발장, 붙박이장), 기반시설 인입(수도, 전기, 가스 등), 토목공사, 조경비 등

PLAN
F1

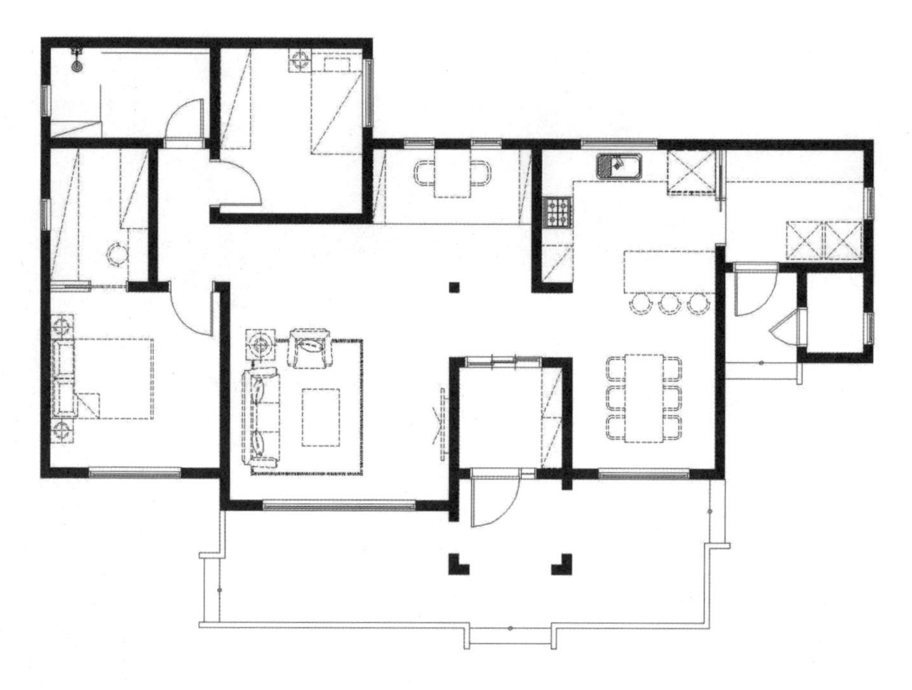

이동혁 건축가 :　　농가주택이니 촌스럽게만 지어야 한다? 글쎄요. 오히려 그것이 고정관념 아닐까요? 이번 모델을 설계하면서 많은 고민을 했습니다. "평면구성 자체에서부터 일반적인 농가주택 이미지를 박살 내버리자." "왜 획일적인 공간 구성이 되어야 하지? 좀 더 재미있게 만들 수도 있잖아." 여기서부터 시작했습니다. 일반적인지 않은 공간으로 농가주택 표준설계도를 만들어내고자 했고 저희 생각이 담긴 농가주택 표준설계도 두 번째 모델이 탄생하게 되었습니다.

임성재 건축가 :　　"기존 농가주택을 지은 분들께 어떤 점들이 집 짓고 가장 아쉬우세요?" 라고 물어보았습니다. "너무 답답해. 탁 트인 개방감이 있었으면 좋겠는데 아무래도 공간이 좁아서 그런지 답답함을 지울 수가 없더라고" 솔직히 개방감은 침실 같은 방에서는 큰 의미가 없는 단어라 할 수 있습니다. 오히려 현관을 들어왔을 때 거실 쪽으로 탁 트이는 오픈 감이 극대화되어야 개방감이 '훅' 하고 들어올 텐데요. 이번 모델의 경우 현관을 중심으로 좌 우를 트여주었습니다. 거기에 전면부에 통장을 설치해 외부적인 요인들이 내부까지 들어올 수 있게 설계했습니다. "답답하다고요? 이번 주택에서는 그러한 느낌은 없을 거예요!"

정다운 건축가 :　　"사람들도 머리 스타일에 따라 이미지가 완전히 달리지죠?" 집도 마찬가지예요. 어떠한 지붕 형태로 디자인할 것이냐에 따라 그 집의 무게감과 분위기가 완전히 달라진답니다. 이번 모델에서는 모임지붕을 주로 사용했고 높이 자체를 다르게 디자인하면서 볼륨감을 높여주는 설계를 진행했답니다.

FOR YOU

아내를 위한 선물을 준비하세요

평생 고생만 한 아내.

아내에게 집을 선물하기로 했어요.

이제는 아이들도 다 커서 분가했고 우리 둘이 행복하게

살 행복하우스.

아내가 이 선물을 받고 어떠한 표정을 지을지

너무 기대되네요.

6월호 첫번째

34평, 자녀를 위한 사랑채

STORY

아파트에서는 마음껏 뛰어놀 수 없으니 주말에라도 넓은 마당 있는 곳에서 마음껏 뛰어놀게 하고 싶은 마음입니다. 아마 저뿐만 아니라 아이를 키우는 집의 부모라면 다 똑같은 마음과 생각이 있을 거로 생각합니다. 실제로 저희에게 문의 오는 상담 중에서 1/3가량이 자녀들이 뛰놀 수 있는 세컨드 하우스 문의인데요. 너무 크게 짓기보다 어릴 때 살다가 추후 뛰놀지 않을 나이가 되었을 때 다시 팔고 나올 수 있는 범위의 집을 요청하신답니다.

이 부분은 많이 공감됩니다. 나이가 들어 은퇴 후 조용히 살 수 있는 집이 아니라 아이들이 마음껏 뛰어놀 수 있는 공간과 집이기 때문에 5년~10년 정도 사용한 후 언제든지 땅과 집을 처분하고 다시 도심으로 나올 수 있는, 그러한 면적과 금액대의 집을 지어야 하죠.

이런 고민 때문에 무조건 싼 자재로만 집을 짓는 분들이 간혹 계신데요. 너무 싸게만 짓다 보면 누가 봐도 부실한 집이 되기 때문에 집값을 제대로 받기는커녕 철거비까지 주고 팔아야 하는 웃지 못할 상황이 벌어진답니다. 한마디로 적정선을 잘 맞추어 건축해야 하죠.

너무 규모가 크면 건축비도 같이 상승하기 때문에 부담이 적도록 가장 많이 찾는 면적과 질리지 않는 세련된 디자인 그리고 3개 정도의 방.

제가 건축일을 하다 보니 공인중개사분들과 이야기할 시간이 많은데요. 젊은 신혼부부들이 부동산에 와서 전원주택을 찾는 가장 많은 조건이 위에서 말한 내용이라고 하네요.

월간 홈트리오를 발행하면서 새로운 트렌드를 반영하고자 하니 아무래도 설계안을 뒤엎는 일이 많아졌습니다. 저희 셋의 성향도 조금씩 다르다 보니 더 좋은 것을 위해 뒤집고 또 뒤집고 그리고 고민의 연속입니다.

이번 모델을 기획하면서도 많은 의견 차이를 보였는데요. 단층으로 할 것이냐 아니면 2층으로 올릴 것이냐? 외장재는 어느 선까지 사용할 것이냐 등 주생활 주택과는 달라야 하는 세컨하우스에 추후 환급성까지 고려해야 해 빨리 끝날 줄 알았던 기획이 다른 주택보다 두 배 이상 시간이 걸렸네요.

긴 시간을 고민한 만큼 그 결과는 만족할만한 수준으로 탄생하였는데요. 아마 그동안 일반적인 전원주택에서는 느끼지 못한 공간감과 실용주의 주택의 느낌을 가장 잘 나타내는 주택으로 만들어진 것 같습니다.

#사랑채 #유럽느낌 #자녀사랑 #세컨하우스 #멋진파고라

PART 06

6월호 첫번째
자녀를 위한 사랑채

공법 : 경량목구조
건축면적 : 114.63 m^2
1층 면적 : 93.96 m^2
다락면적 : 20.67 m^2

지붕마감재_ 리얼징크 / 외벽마감재_ 스타코플렉스 / 포인트자재_ 파벽돌, 루나우드 / 실내벽마감재_ 실크벽지 / 실내바닥마감재_ 강마루 / 창호재_ 미국식 3중 시스템창호

예상 총 건축비 : 212,000,000원 (부가세 포함, 산재보험료 포함 / 설계비, 인허가비, 구조계산 설계비 별도)

설 계 비 : 5,100,000원 (부가세 포함) | 구조계산 설계비 : 3,400,000원 (부가세 포함)

인허가비 : 3,400,000원 (부가세 포함) | 인테리어 설계비 : 3,400,000원 (부가세 포함)

✔ 건축비 외 부대비용 : 대지구입비, 가구(싱크대, 신발장, 붙박이장), 기반시설 인입(수도, 전기, 가스 등), 토목공사, 조경비 등

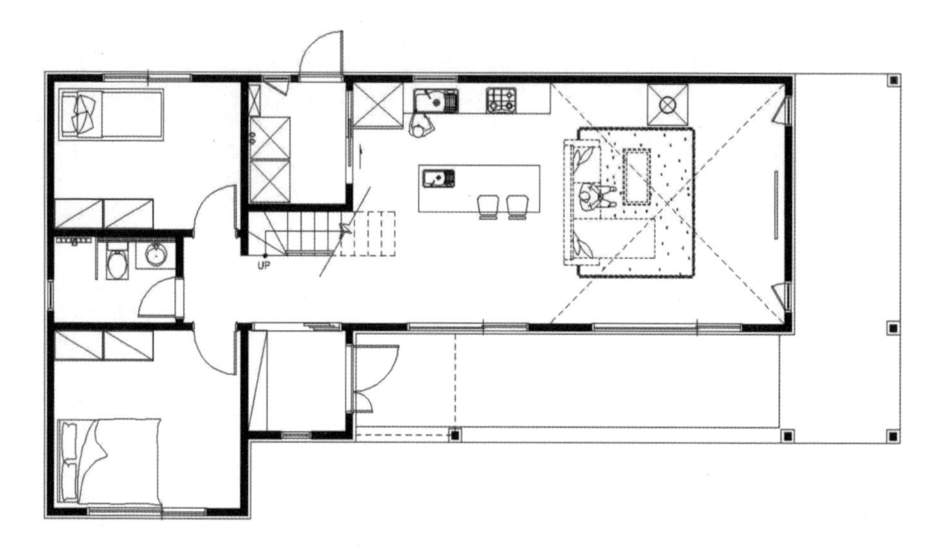

이동혁 건축가 : 한국 주택의 지붕 고는 그렇게 높은 편은 아닙니다. 빗물이 잘 내려가고 고이지 않을 정도의 경사도만 있다 보니 시골에 있는 주택들을 보면 해외와 다른 지붕의 높이를 파악할 수 있습니다. 외장적인 부분과 공간적인 특징을 만들지 않더라도 이 지붕 고의 높이만 다르게 해도 완전히 다른 느낌의 주택 이미지를 만들어 낼 수 있는데요. 이번 주택이 바로 그러한 이미지를 잘 품고 나타내 준다고 생각합니다.

임성재 건축가 : 지붕 고를 높이 들어 올린 만큼 그 내부 공간이 생각보다 넓게 구성이 되겠죠. 이번 주택을 설계할 때 외부적인 디자인이 단순 낭비되는 부분이 아니

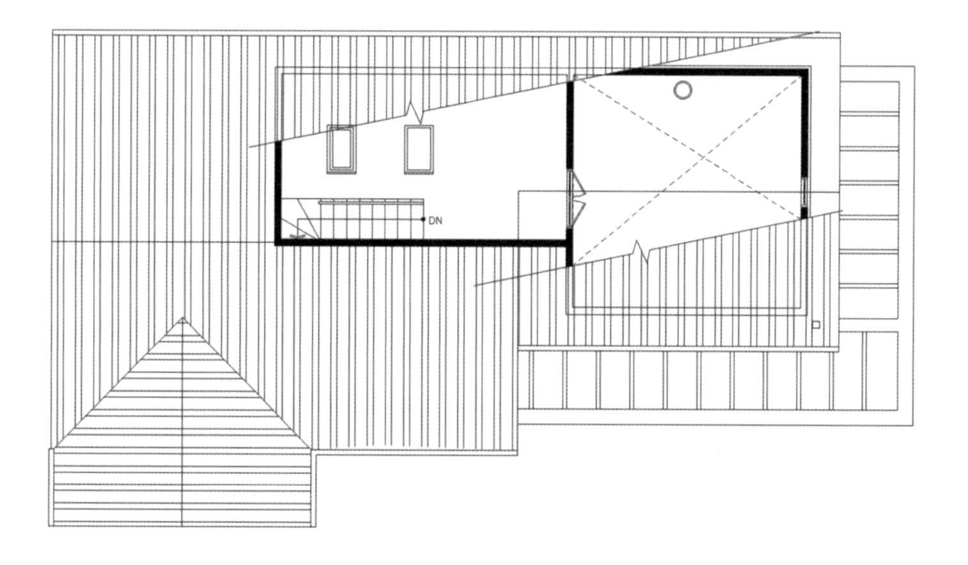

라 공간으로서 활용될 수 있게 설계하였습니다. 다락을 넣어주고 남은 절반 부분은 오픈 천장을 적용하여 세컨드 하우스로 기획된 모델이지만 넓은 공간감을 느낄 수 있게 만들어 냈답니다.

정다운 건축가 : 30평형은 공간적으로 그렇게 크다고만은 할 수 없습니다. 그렇게 때문에 오픈되는 공간은 벽을 구성해 나누기보다 일체화된 하나의 공간으로 만들어 주는 게 좋습니다. 현관을 들어왔을 때 주방부터 이어지는 거실 공간. 그리고 큰 창을 통해 외부의 시선까지 이어질 수 있게 설계하여 답답함이라는 단어 자체를 생각나지 않게 한 주택모델이라 평하고 싶습니다.

6월호 두번째

42평, 여자의 감성을 그리다

STORY

정말로 내 마음에 딱 맞는 느낌의 '취향 저격'이라는 단어가 있죠.

작년에 어떤 노래 가사에 '느낌적인 느낌'이라는 말이 있었는데 나이가 좀 있으신 분들은 이해가 안 되는 말이겠지만 젊은 분들은 이 느낌이 어떤 것을 표현하는지 바로 아시겠죠?

이번 주택을 설계하고 기획할 때 도심에 맞고 좁은 대지에 딱 어울리는 집. 또한, 아파트라는 공간을 떠나온 여성분들의 마음을 헤아려줄 수 있는 그런 집을 만들고자 했습니다.

한국에 전원주택, 단독주택을 지어 살겠다는 생각은 생각보다 오래되지 않았습니다. 서울이나 도심권에 살면 무조건 아파트를 사야 한다는 강박관념에 사로잡혀 집을 짓겠다고 나서면 5년 전만 해도 미친 사람 취급을 받았으니 말 다 한 것이겠죠.

아파트의 인기가 떨어지고 마당 있는 곳에 내가 원하는 공간을 만들어 살고자 하는 마음속 열망이 최근 들어 표출되기 시작했는데요. 그 결과 아파트보다 단독주택의 토지 가격이 더 상승하는 믿지 못할 상황까지 발생했습니다.

획일적인 디자인에 다 거기서 거기인 것 같은 느낌. 그 느낌을 없애고 정말 예쁘고 언제 봐도 마음이 뿌듯해지는 집을 설계하고자 했습니다. 땅이 좁다는 것을 가정해 들쑥날쑥한 디자인보다 정갈하면서 앞마당을 최대한 확보 할 수 있는 배치를 진행했고, 모던 스타일의 외관에 심플하고 간결한 선의 느낌을 최대한 살려주려고 했습니다.

외장재에 대한 고민이 많았는데요. 도심의 땅 값이 비싸다 보니 무조건 싼 자재만을 사용할 수 없어 현재 가장 선호도가 높은 16mm의 세라믹 사이딩을 기본 베이스로 시공했습니다. 세라믹 사이딩도 패턴과 색상이 다양하므로 하부에는 무게감을 줄 수 있는 어두운 색감을 넣어주고 위에는 깨끗해 보이는 화이트톤 색감을 넣어 무게감과 청초함을 모두 잡았습니다.

보고만 있어도 여자의 마음을 홀릴 것만 같은 디자인을 만들기 위해 거의 한 달이라는 시간 동안 저희 셋이 엄청 머리 싸매고 고민을 했었네요.

결과, 저희 스스로는 대만족.

"여러분은 어떻게 생각하세요?"

#도심단독주택 #웅장함 #멋짐폭발 #마당있는집 #세라믹사이딩

PART 06

6월호 두번째

여자의 감성을 그리다

공법 : 경량목구조
건축면적 : 139.40 m²
1층 면적 : 65.46 m²
2층 면적 : 59.46 m²
다락면적 : 14.48 m²

지붕마감재_ 리얼징크 / 외벽마감재_ 세라믹사이딩 / 포인트자재_ 루나우드 / 실내벽마감재_ 실크벽지 / 실내바닥마감재_ 강마루 / 창호재_ 미국식 + 독일식 3중 시스템창호

예상 총 건축비 : 259,500,000원 (부가세 포함, 산재보험료 포함 / 설계비, 인허가비, 구조계산 설계비 별도)
설 계 비 : 6,300,000원 (부가세 포함) | 구조계산 설계비 : 4,200,000원 (부가세 포함)
인허가비 : 4,200,000원 (부가세 포함) | 인테리어 설계비 : 4,200,000원 (부가세 포함)

✓ 건축비 외 부대비용 : 대지구입비, 가구(싱크대, 신발장, 붙박이장), 기반시설 인입(수도, 전기, 가스 등), 토목공사, 조경비 등

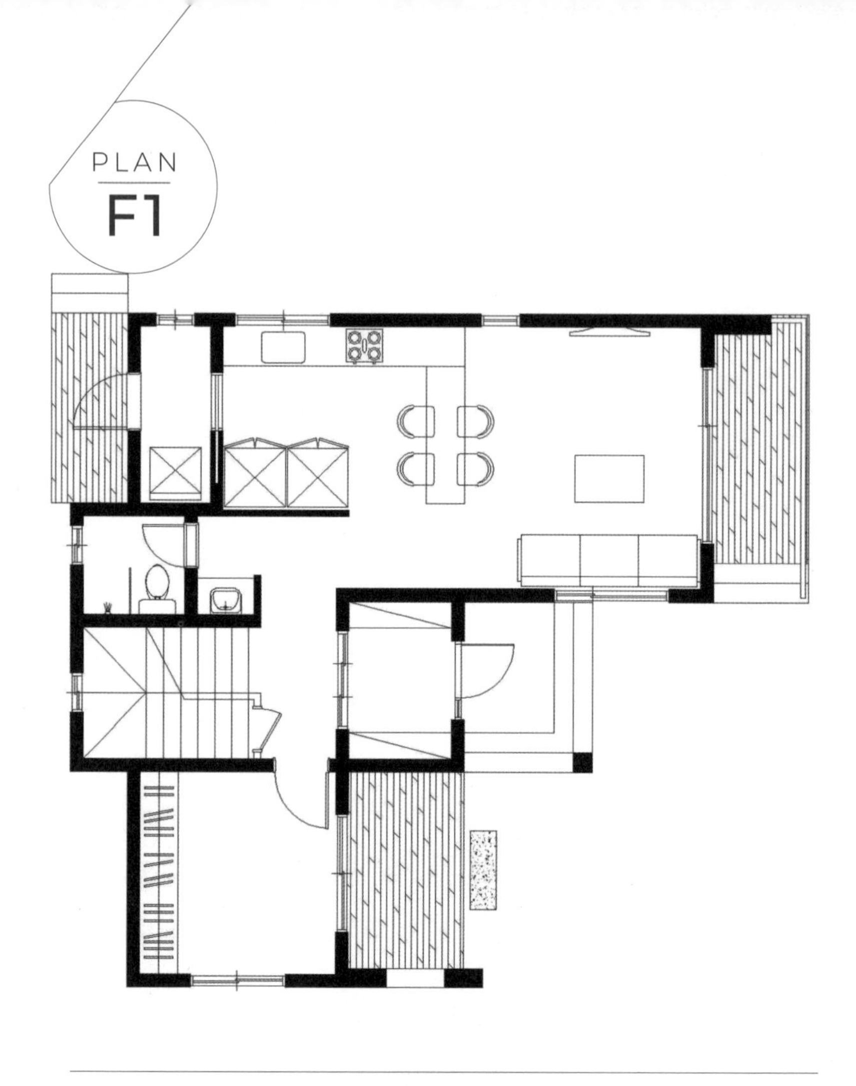

이동혁 건축가 : 최근 전원주택의 열풍이 불면서 도심 가까운 곳에 LH와 건설회사들이 전원주택 단지를 분양하기 시작했습니다. 땅 값이 비싸다 보니 평균 80평 정도에서 분양이 되는데 건폐율을 높지만 땅이 작다 보니 일반적인 전원주택처럼 설계하기는 어려운 현실이죠. 그래서 이번 모델은 그러한 대지 특성을 고려하여 설계를 진행하였고 어찌 보면 도심형 전원주택 단지에 가장 어울릴만한 정석과도 같은 설계가 탄생된 것 같습니다.

임성재 건축가 : 'ㄱ'자형 배치를 통해 자연스럽게 외부의 볼륨감을 살려줄 수 있도록 했습니다. 모던 스타일의 간결함과 깔끔함. 그리고 세라믹 사이딩이 가지는 고유의 고급스러움을 집 전체에 입혀주었습니다. 여자분들의 마음을 사로잡을

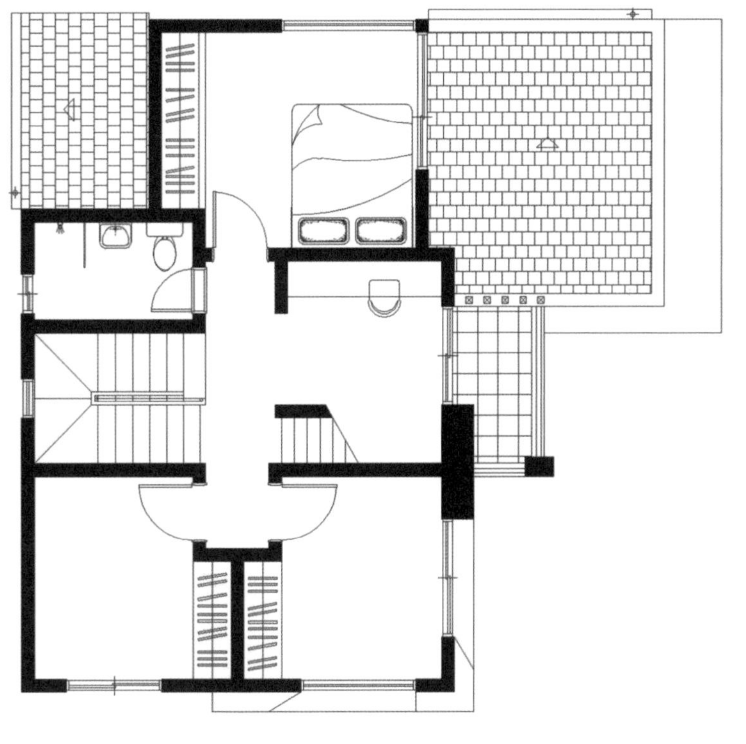

수 있는 디자인이라 생각되며, 취향 저격이라는 단어가 어울릴 수 있도록 설계를 진행하였습니다.

정다운 건축가 : 도심형 단독주택의 경우 주방 사이즈가 관건이에요. 무조건 크게 만들게 되면 그만큼의 공간이 다른 쪽에서 빠져나와하거든요. 도심형의 경우 맞벌이 부부를 기준으로 설계를 진행하는데요. 아무래도 시골에서 생활하는 주방의 용도와는 조금의 차이는 있을 거라 생각합니다. 김치를 담거나 농사를 지어 세척하는 용도가 아니기 때문에 4 식구가 식사를 해 먹을 수 있는 정도의 공간만 배치를 해 주었으며, 나머지 공간은 방과 거실로 구성해 콤팩트 한 주택을 만들어냈습니다.

6월호 세번째

38평, 아내를 위한 선물을 짓다

STORY

집을 짓는다는 것. 그리고 이 집을 누군가에게 선물 한다는 것.

상담하면서 많이 느끼는 것이지만 집을 짓고자 저희를 찾아왔을 때 건축주님들은 대부분 아내에게 집에 대한 결정권을 넘겨줍니다. 외부 디자인부터 주방 공간, 침실 부분부터 드레스룸까지 모든 내부 공간과 인테리어까지 80% 이상은 아내분의 이야기를 따라줍니다.

서로 싸우시는 분도 계시지만 그런 경우는 정말 드물고 정말 행복한 집을 꿈꾸면서 그동안 머릿속에 그려왔던 동화 속 집들을 저희에게 말씀해 주십니다. 그동안 고생해 온 내 아내가 정말 마음에 들어 하고 원하는 집, 마음의 힐링이 될 수 있는 그런 집을 지어달라고 부탁합니다.

아내를 위한 선물. 이번 월간 홈트리오 6월호 세 번째 모델을 기획하면서 그 어느 때보다 행복한 기분으로 설계를 진행했습니다.

이 모델은 실제로 경남 사천에 완공되었으며, 완공 당시 건축주님 내외분의 정말 행복해하는 모습이 아직도 눈에 선합니다.

"어떻게 짓는 것이 좋을까요?"

항상 이것이 고민이에요. 무조건 싸게 지을 수도 없고 그렇다고 비싼 자재들만으로 시공할 수도 없으니 그 중간에서 균형을 잘 맞춰야 하는 문제가 항상 발생합니다.

이번 주택모델은 두 가지의 장점으로 압축하여 시작했습니다.
일단 주방과 거실이 매력적일 것. 그리고 개방감이 특출날 것.
또 하나는 비가 와도 처마나 발코니에 앉아서 차 한 잔의 여유를 즐길 수 있을 것.

설계하고 평면을 구성하다 보니 조금씩 공간에 대한 욕심이 생겼고 특히 외부 디자인을 정할 때는 단순한 모던 스타일이지만 어느 면에서 보더라도 심심하지 않고 역동적인 입체감이 느껴질 수 있게 디자인하고 싶었습니다. 설계를 마치고 최종 결정된 평수는 38평. 자녀들이 놀러 와 쉴 수 있는 공간도 만들었고 아내분이 좋아할 'ㄷ'자형 싱크대와 주방은 여타 아파트의 주방보다 넓게 느껴질 것입니다.

아내를 위한 선물. 그동안 고생한 아내에게 주는 멋진 집.
이번 모델이 그런 선물이 되었으면 합니다.

#아내선물 #2층집 #멋지다 #발코니의매력 #매력적인주방

PART 06

6월호 세번째

아내를 위한 선물을 짓다

공법 : 경량목구조
건축면적 : 125.43 m^2
1층 면적 : 76.53 m^2
2층 면적 : 48.90 m^2

지붕마감재_ 아스팔트쉬글 / 외벽마감재_ 스타코플렉스 / 포인트자재_ 파벽돌, 루나우드 / 실내벽마감재_ 실크벽지 / 실내바닥마감재_ 강마루 / 창호재_ 미국식 3중 시스템창호

예상 총 건축비 : 221,000,000원 (부가세 포함, 산재보험료 포함 / 설계비, 인허가비, 구조계산 설계비 별도)

설 계 비 : 5,700,000원 (부가세 포함) | 구조계산 설계비 : 3,800,000원 (부가세 포함)

인허가비 : 3,800,000원 (부가세 포함) | 인테리어 설계비 : 3,800,000원 (부가세 포함)

✔ 건축비 외 부대비용 : 대지구입비, 가구(싱크대, 신발장, 붙박이장), 기반시설 인입(수도, 전기, 가스 등), 토목공사, 조경비 등

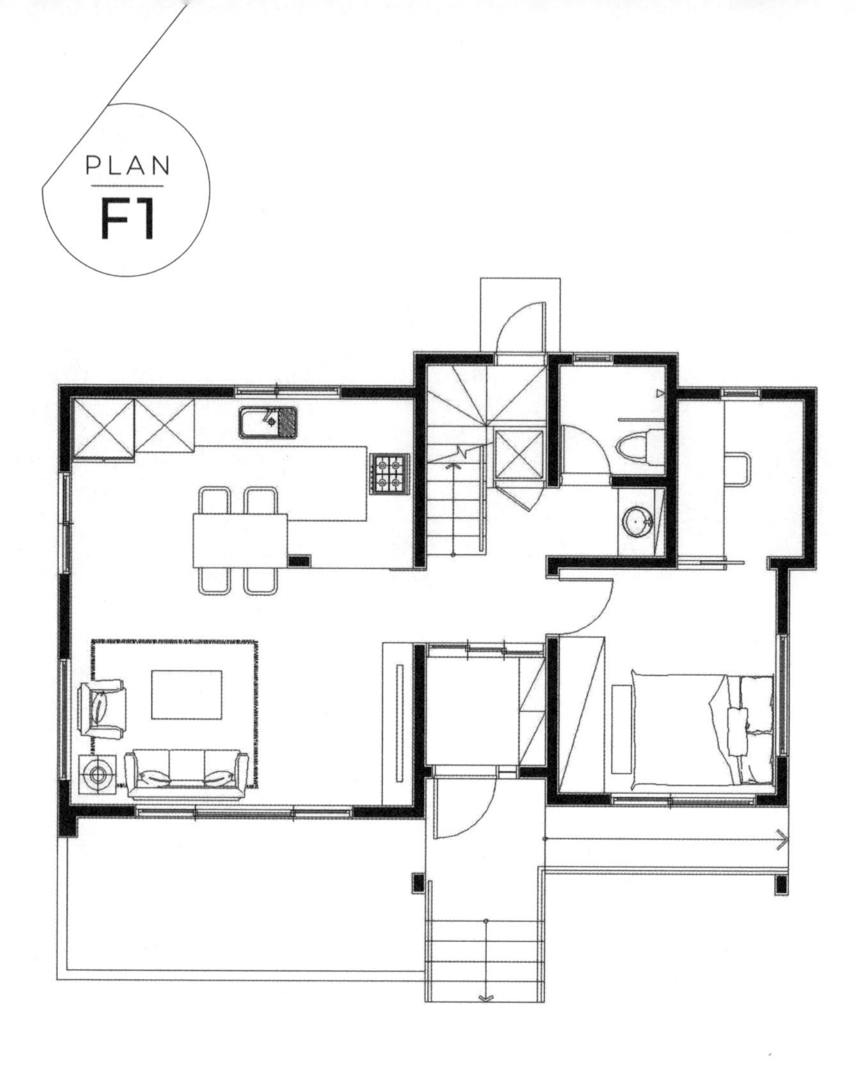

이동혁 건축가 : 　어느 면에서 보아도 볼륨감이 넘치는 집을 만들어내고 싶었어요. 단순히 모던 스타일이 아니라 한국이라는 나라의 환경에 맞는 디자인을 만들어보고자 했습니다. 지붕의 각도를 다르게 하고 평면적으로 매스 분절을 시키고 거기에 발코니와 포치 등을 가미하여 유니크한 전원주택을 완성시켰습니다.

임성재 건축가 : 　이 집 현관을 들어서면 광활하다 느껴질 수 있는 거실과 주방 공간을 만날 수 있습니다. 원래는 다용도실을 실로 구획해서 나눠주는데 오히려 그 공간이 답답할 수 있다는 생각에 아예 거실과 주방을 큰 원 스페이스로 만들어버

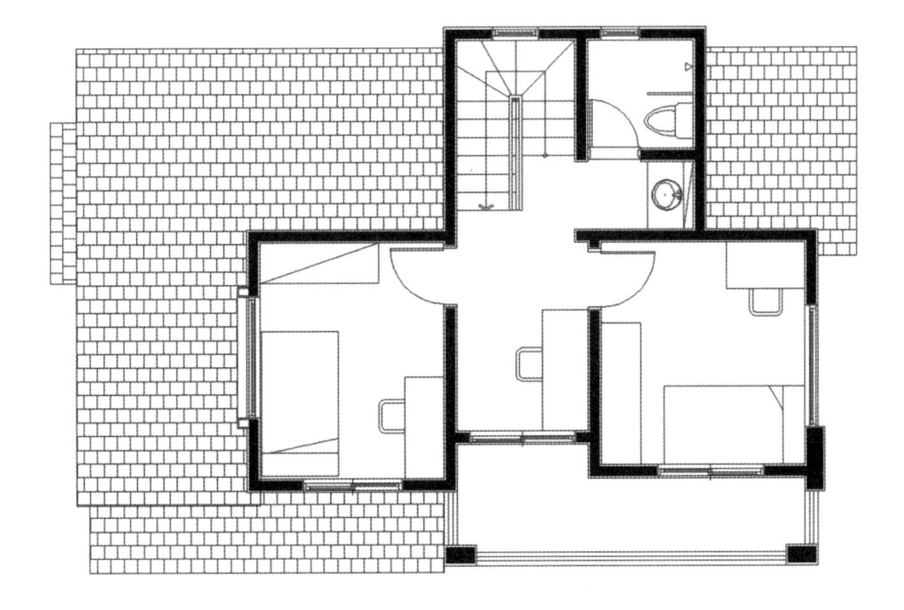

렸어요. 실제로 사천에 완공이 되었는데 실제로 느껴지는 공간감을 평면에서 보는 것보다 더 넓게 다가온답니다.

정다운 건축가 : 이 집을 의뢰한 건축주님은 평생 고생만 한 아내를 위해 예쁜 집을 선물해주고자 하셨어요. 다른 건 몰라도 답답함을 없애고 외부의 멋진 자연환경이 집안으로 유입되길 원하셨어요. 창을 최대한 많이 내고 서쪽과 동쪽에도 조망창을 계획해 거실 소파에 앉아 있더라도 4면의 모든 자연을 느낄 수 있게 설계했답니다.

6월호 네번째

81평, 고급 단독주택의 정석

STORY

결혼하면 분가를 하고 우리 가족만의 집을 꾸려 산다는 생각을 당연한 듯했었습니다.

하지만 최근 서울의 집값이 30평형 기준 이미 10억을 넘어간 지 오래죠. 월급을 모아서 서울에 내 집을 마련한다는 것은 이미 현실성 없는 말이 되어버렸습니다. 그래서 캥거루족이라는 신조어도 생겨나고 무조건 독립을 해서 산다는 생각에서 조금이라도 더 부모님과 같이 살겠다는 생각으로 변화하고 있는 것 같습니다.

저 또한 부모님과 같이 살 때는 집에 대한 걱정을 솔직히 크게 하지 않았습니다. 취직하고 사회생활을 하면서 돈을 벌게 되면 자연스럽게 집도 구해지는 줄 알았습니다. 현재 쌍둥이를 키우면서 경기도권의 아파트에 살고 있는데, 5억이라는 비용 중 2억을 대출받았고 20년 만기라는 조건으로 자연스럽게 2억의 부채를 갖게 되었습니다.

이 흐름이 너무나도 자연스러워서 빚을 지는 것이 당연하게 생각되었고, 50살이 되는 날 비로소 빚을 청산 할 수 있게 되어버렸네요.

그래서일까요. 10년이라는 기간 동안 집을 지어오면서 최근처럼 2세대 또는 3세대가 같이 거주하는 집을 짓겠다는 문의가 이토록 많았던 적이 없었던 것 같습니다.

아무래도 집에 대한 트렌드가 변화하고 사람들의 인식도 투자에서 힐링이라는 단어로 변하면서 이제는 "땅을 사서 부모님과 같이 집을 지어볼까?"라는 생각까지 이어지게 된 것 같습니다.

이 흐름에 맞추어 월간 홈트리오 6월호 네 번째 모델은 도심형 단독주택으로서 2세대 (2가구) 가 거주 가능한 모델로 설계하였습니다.
월간 홈트리오 6월호 네 번째 모델은 실제 김포에 시공된 모델이며, 현재 2가구가 입주하여 행복하게 생활하고 있습니다.

2세대가 거주하려면 일반적인 설계의 공간 배치와는 시작점이 달라야 합니다. 2세대에게 각각 독립적인 동선을 만들어주고 최대한 서로의 프라이버시가 침해되지 않는 방법으로 설계를 진행해야 합니다.

이 집의 또 다른 특징은 실내주차장의 존재입니다. 실내 주차장은 단지 주차의 목적으로만 활용되는 것이 아닙니다. 차가 없을 시 다목적 공간으로도 활용할 수 있는 곳으로, 내부에 공간이 부족하다면 이번 사례처럼 실내 주차공간을 다목적 공간으로 활용하면 됩니다.

2세대가 거주 가능한 단독주택. 디자인도 빼놓을 수 없겠죠. 획일적인 디자인에서 랜드마크적인 모양을 갖추기 위해 3개월이 넘는 기간 동안 외부 디자인을 진행했습니다. 모던하지만 정갈하고 청초한 느낌으로, 목조주택이지만 단단해 보이도록. 궁금하시죠?
지금 여러분들께 월간 홈트리오 6월호 네 번째 모델을 공개합니다.

#고급주택 #2세대주택 #단독주택 #타운하우스 #실내주차장

PART 06

6월호 네번째

고급 단독주택의 정석

공법 : 경량목구조
건축면적 : 269.74 m²
1층 면적 : 109.54 m²
2층 면적 : 160.20 m²
주 차 장 : 35.45 m²

지붕마감재_ 아스팔트슁글 / 외벽마감재_ 스타코플렉스 / 포인트자재_ 파벽돌, 루나우드 / 실내벽마감재_ 실크벽지 / 실내바닥마감재_ 강마루 / 창호재_ 미국식 + 독일식 3중 시스템창호

예상 총 건축비 : 435,900,000원 (부가세 포함, 산재보험료 포함 / 설계비, 인허가비, 구조계산 설계비 별도)
설 계 비 : 12,150,000원 (부가세 포함) | 구조계산 설계비 : 8,100,000원 (부가세 포함)
인허가비 : 8,100,000원 (부가세 포함) | 인테리어 설계비 : 8,100,000원 (부가세 포함)

✔ 건축비 외 부대비용 : 대지구입비, 가구(싱크대, 신발장, 붙박이장), 기반시설 인입(수도, 전기, 가스 등), 토목공사, 조경비 등

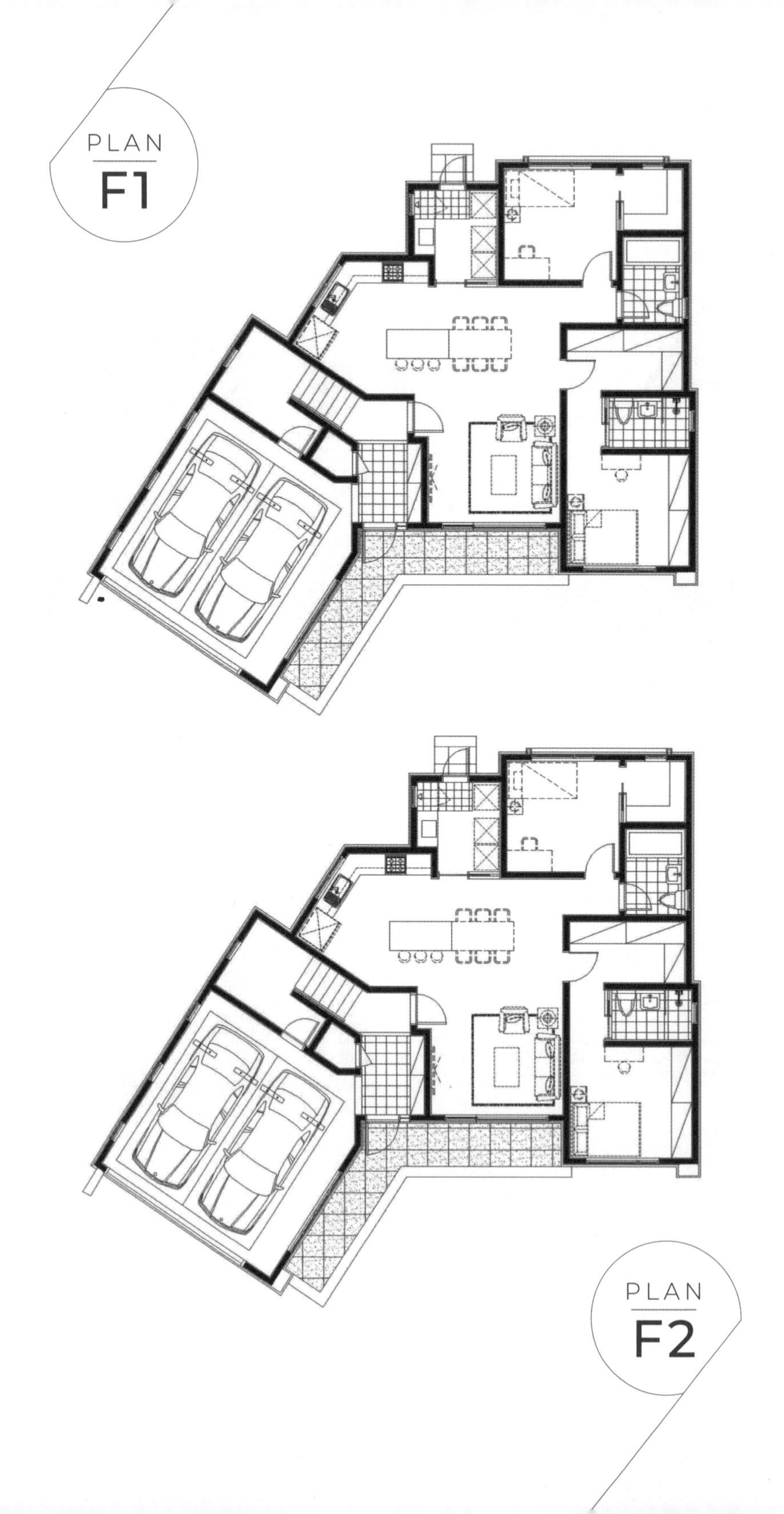
PLAN
F1
PLAN
F2

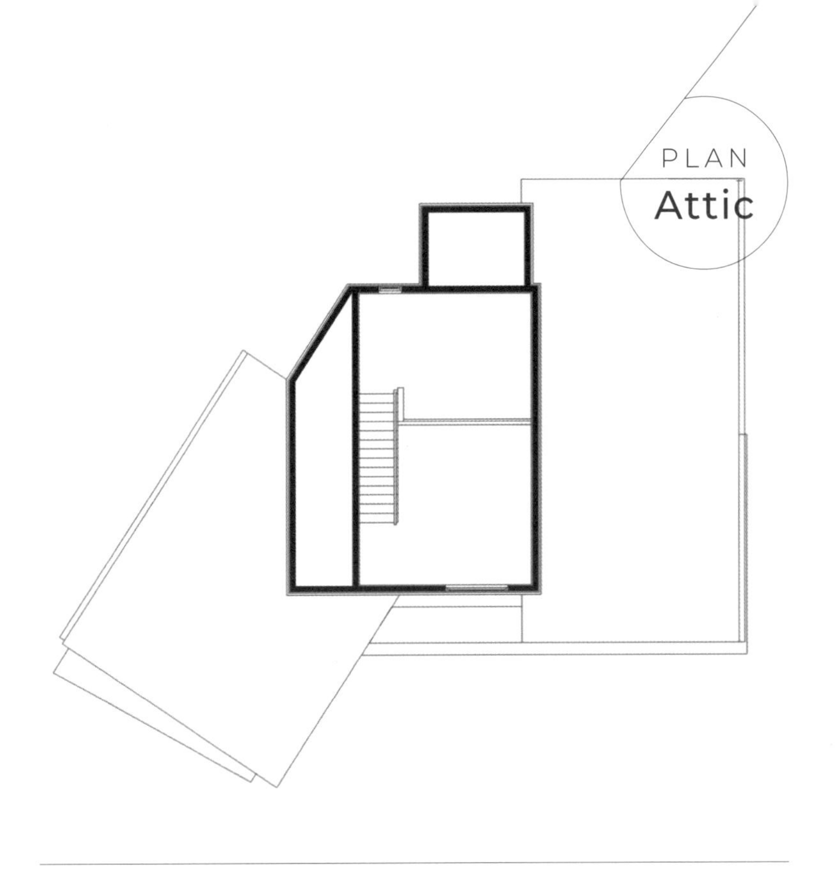

이동혁 건축가 : 나만의 실내 주차장을 가진다는 것은 어찌 보면 꿈만 같은 일일 거예요. 지하가 아닌 지상에도 이번 주택처럼 별도의 실내 주차장을 만들어 낼 수 있답니다. 지하가 아니기 때문에 습에 대한 위험성이 없고 차가 없는 낮 시간대에는 차고 문을 닫고 내부에서 다양한 활동을 영위할 수도 있답니다.

임성재 건축가 : 이 집은 2세대가 같이 거주하는 모델로 설계하였습니다. 부모님이 1층에 그리고 자녀들이 2층에 공간적으로 구분되어 거주할 수 있도록 설계하였으며, 계단실을 기준으로 각 층 중간문에 잠금장치를 설치해 어찌 보면 완벽히 독립된 생활을 즐길 수 있도록 한 모델이라 할 수 있습니다.

정다운 건축가 : 이번 주택 평면 구성을 보시면 기존의 주택과는 완전히 다른 공간 구성을 보실 수 있습니다. 꼭 박스형이나 'ㄱ'자형으로만 공간이 구성되는 것은 아닙니다. 또한 주방이라는 공간도 획일적으로 만들 필요도 없습니다. 땅이 못생겼다거나 모서리 땅에 집이 위치해 있는 분들이라면 이번 주택 모델을 눈여겨보시면 좋을 것 같습니다.

차 한 잔의 여유를 느끼세요

"차 한 잔 마실 시간 있어요?"

너무 바쁜 하루. 시간이 어떻게 흘러가는지 모를 정도입니다. 옆에 사람이 빨리 걸으니 나도 빨리 걸어야 할 것 같아요.

조금은 숨 좀 돌리고 가도 되는데.

"나 자신을 위한 여유를 선물해보세요."

차 한잔하면서 주변을 둘러볼 시간.
우리에게 그런 시간이 꼭 필요하답니다.

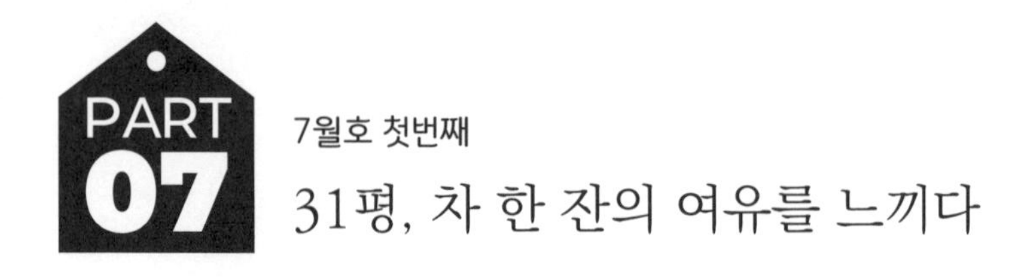

7월호 첫번째

31평, 차 한 잔의 여유를 느끼다

STORY

획일화되어버린 건축물들.

빡빡한 건물 숲에 둘러싸여 평생을 일만 하며 살아왔는데 남은 인생마저 마음의 여유 없이 지낼 수는 없습니다.

저희에게 오셔서 집 짓기를 의뢰하시는 분들의 대부분은 각박한 사회생활에 지쳐 이제는 마음의 평온을 찾고자 전원생활 속으로 들어가시는 분들입니다.

그런 마음을 알기 때문에 집이라는 존재를 부담스럽고 거부감 느껴지는 매개체로 만드는 것이 아니라 집과 그 공간의 디자인을 보고만 있어도 흐뭇한 미소가 그려지게 만드는 것이 이번 월간 홈트리오 7월호 첫 번째 매거진의 목표였습니다.

온전히 나를 안아 줄 수 있는 감성. 그리고 박스형의 차가운 느낌 대신 몽글몽글 둥그런 느낌이 드는 집을 설계하고자 했습니다.

우리에게 포근하고 따뜻한 느낌을 내는 것으로 주황빛 기와와 손으로 회벽칠한 아이보리 톤의 외벽이 가장 먼저 떠올랐습니다. 이국적이고 언제 보아도 그 자리에 있었던 듯한 느낌.

느낌적인 느낌이라 할까요?

이번 주택이 완벽한 답이라고 할 수 없지만, 최소한 차 한 잔의 여유를 가지면서 마음에 평화를 조금이나마 가질 수 있는 모델이기를 희망합니다.

#은은함 #북유럽 #기와집 #스페니쉬기와 #심쿵

PART 07

7월호 첫번째

차 한 잔의 여유를 느끼다

공법 : 경량목구조
건축면적 : 102.44 m^2
1층 면적 : 84.08 m^2
2층 면적 : 18.36 m^2

지붕마감재_ 스페니쉬기와 / 외벽마감재_ 스타코플렉스 / 포인트자재_ 파벽돌 / 실내벽마감재_ 실크벽지 / 실내바닥마감재_ 강마루 / 창호재_ 미국식 3중 시스템 창호

예상 총 건축비 : 185,500,000원 (부가세 포함, 산재보험료 포함 / 설계비, 인허가비, 구조계산 설계비 별도)
설 계 비 : 4,650,000원 (부가세 포함) | 구조계산 설계비 : 3,100,000원 (부가세 포함)
인허가비 : 3,100,000원 (부가세 포함) | 인테리어 설계비 : 3,100,000원 (부가세 포함)

✓ 건축비 외 부대비용 : 대지구입비, 가구(싱크대, 신발장, 붙박이장), 기반시설 인입(수도, 전기, 가스 등), 토목공사, 조경비 등

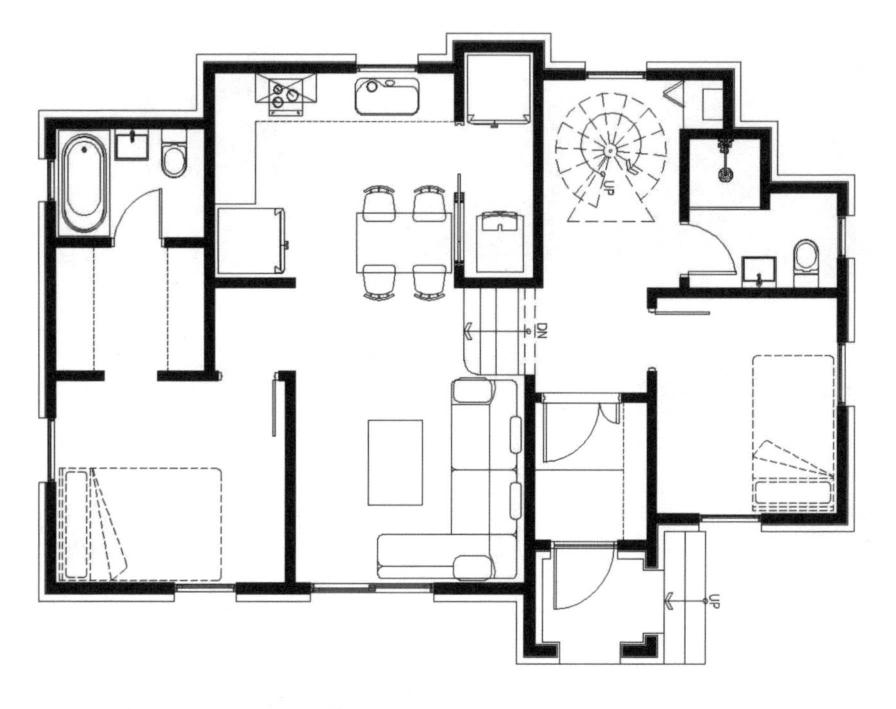

이동혁 건축가 : 4인 가족 주택보다는 노후에 거주할 수 있는 2인 주거로 계획된 모델로 세컨드 하우스 개념으로 공간이 설계되었습니다. 바쁘게만 살아왔던 시간을 돌아보고 조금은 마음의 쉼을 가져갈 수 있는 주택이라고 봐주시면 좋을 것 같습니다.

임성재 건축가 : 다락방 포함 31평이라는 건축면적으로 계획되었기 때문에 협소한 공간으로 인지하고 설계를 진행하여야 했습니다. 거실보다는 주방을 넓게 하고 계단 면적을 줄일 수 있는 방안을 찾았습니다. 화장실 2개와 드레스룸을 배치하는 대신 방을 잠만 잘 수 있는 최소의 공간으로만 만들어 콤팩트 한 평면

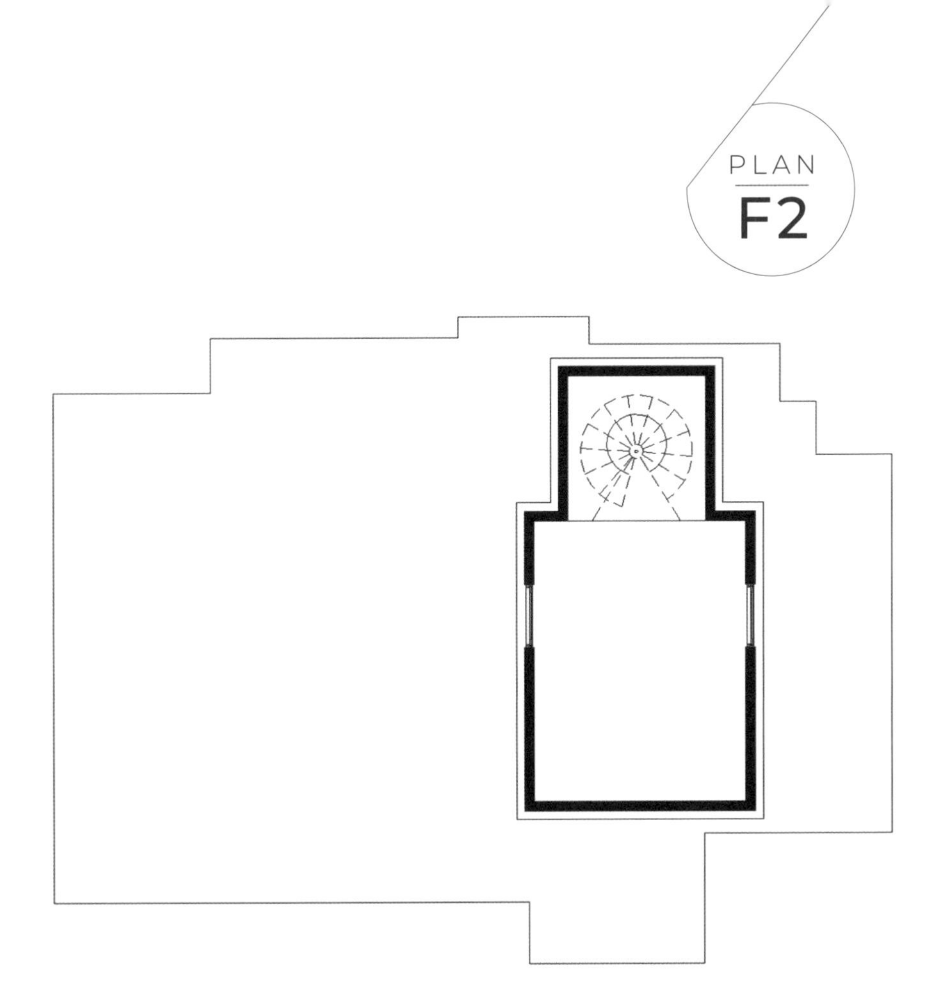

을 만들어냈습니다.

정다운 건축가 : 다락 공간에 대한 호불호가 큰 편입니다. 건축비가 공짜가 아니기 때문에 이 금액을 들여서 정말로 사용할 공간인지 아닌지를 결정한 후에 다락방을 넣어야 합니다. 지금처럼 창고 및 게스트룸 형식으로 사용한다면 4평 정도의 공간이 필요하고 약 1,300만 원의 시공비용을 생각하셔야 합니다.

7월호 두번째

30평, NEW 농가주택 표준설계도3

STORY

아파트 숲을 벗어나 한적한 곳에서 마음의 휴식을 취하고자 하는 분들이 많아지고 있습니다. 특히 자녀들을 분가시키고 남편과 둘이서 오붓하게 노년을 보내고자 하는 분들이 많은데요. 서울에 집을 둔 채 주말용으로 작게 집을 짓고자 문의를 많이 하십니다.

이에 발맞추어 30평대의 농가 주택에 대한 인기가 급상승하고 있는데, 그동안 시골에 짓는 농가 주택이라고 하면 획일적인 평면과 조립식 공법, 그리고 촌스러운 외관으로 다가서기 힘든 것이 사실이었습니다.

정부에서 만들어 놓은 농가 주택 표준설계도 모델도 이미 개발된 지 수년이 지나다 보니 집에 대한 기술발전과 트렌드에 뒤처지는 것이 현실이었죠.

NEW 농가 주택 표준모델을 발표하면서 여러 피드백에 대한 의견을 관심 있게 검토했습니다. 생각보다 많은 분께서 도심을 벗어나 한적한 마을의 작은 집에 살고자 한다는 것을 알게 되었고, 이번 세 번째 모델을 설계하면서 그러한 고객의 니즈를 담아 주택을 완성했습니다.

땅이 크게 필요한 것도 아니고, 대궐만 한 내부 공간이 필요한 것도 아닙니다. 노후에 남편과 둘이 작은 텃밭을 가꾸면서 조용히 살 수 있는 집이 필요했고, 건축비 부담이 없는 디자인으로 집을 짓고자 했습니다. 추위를 많이 타니 단열과 창호는 양보하지 않았고, 디자인 또한 젊은 감각을 총동원해 누가 봐도 젊은 기운이 느껴지는 예쁜 집으로 만들었습니다.

과하지 않게 적정선을 지키며 집을 짓는 것.
10년이라는 시간 동안 집을 지어오면서 매번 어려운 숙제를 하나씩 풀어가는 기분입니다.

설득하고, 또 설득하고 그리고 반영.
많은 고민이 담긴 이번 모델이 여러분들의 집을 짓는데 조금이나마 도움이 되었으면 합니다.
농가 주택을 짓고자 하시나요? 이번 모델을 꼭 눈여겨 봐주세요.

#살고싶은집 #농가주택 #표준설계도 #가성비 #다락의매력

PART 07

7월호 두번째

NEW 농가주택 표준설계도3

공법 : 경량목구조
건축면적 : 98.47 m^2
1층 면적 : 83.77 m^2
다락면적 : 14.70 m^2

지붕마감재_ 아스팔트쉬글 / 외벽마감재_ 스타코플렉스 / 포인트자재_ 파벽돌, 루나우드 / 실내벽마감재_ 실크벽지 / 실내바닥마감재_ 강마루 / 창호재_ 미국식 3중 시스템창호

예상 총 건축비 : 173,000,000원 (부가세 포함, 산재보험료 포함 / 설계비, 인허가비, 구조계산 설계비 별도)

설 계 비 : 4,500,000원 (부가세 포함) | 구조계산 설계비 : 3,000,000원 (부가세 포함)

인허가비 : 3,000,000원 (부가세 포함) | 인테리어 설계비 : 3,000,000원 (부가세 포함)

✓ 건축비 외 부대비용 : 대지구입비, 가구(싱크대, 신발장, 붙박이장), 기반시설 인입(수도, 전기, 가스 등), 토목공사, 조경비 등

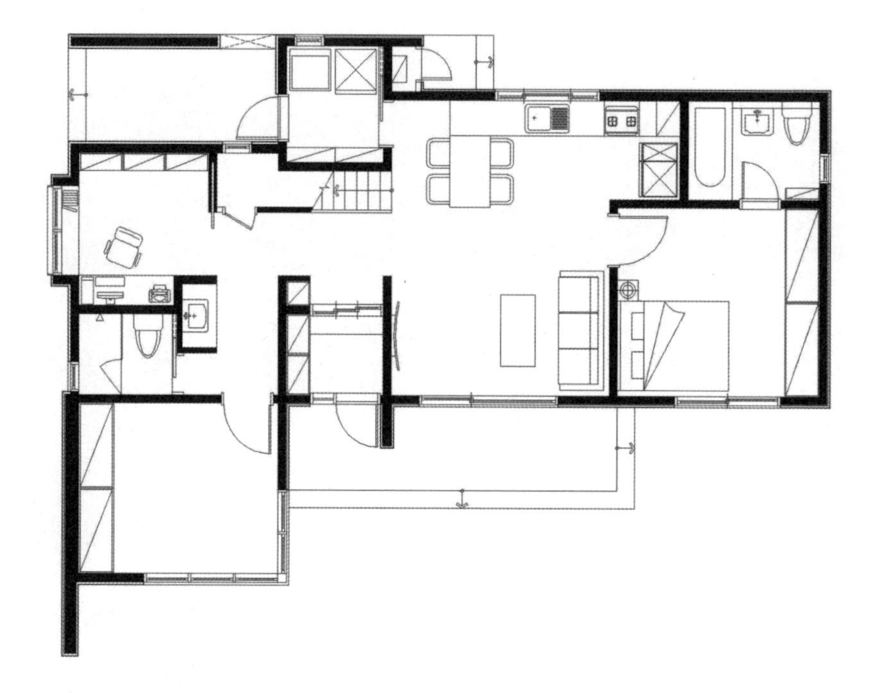

이동혁 건축가 : 뉴 농가주택 표준모델 세 번째 기획안입니다. 두 번의 기획안을 내면서 생각보다 세컨드 하우스에 대한 열망이 크다는 것을 많이 느꼈습니다. 피드백된 내용들을 검토하고 규모를 다시 산정해 30평이라는 면적을 정하였으며, 다락방이라는 다목적 활용 공간을 추가로 배치하여 자녀들이 놀러 왔을 때 편안히 쉬다 갈 수 있는 공간을 확보하였습니다.

임성재 건축가 : 30평이라는 공간이 크지 않다 보니 방을 많이 만들게 되면 그만큼 공용공간인 거실과 주방이 작아지게 됩니다. 두 분이서 거주하신다는 가정하에 방을 2개만 배치하고 대신 남은 공간들을 공용공간으로 배치하여 부족함 없는

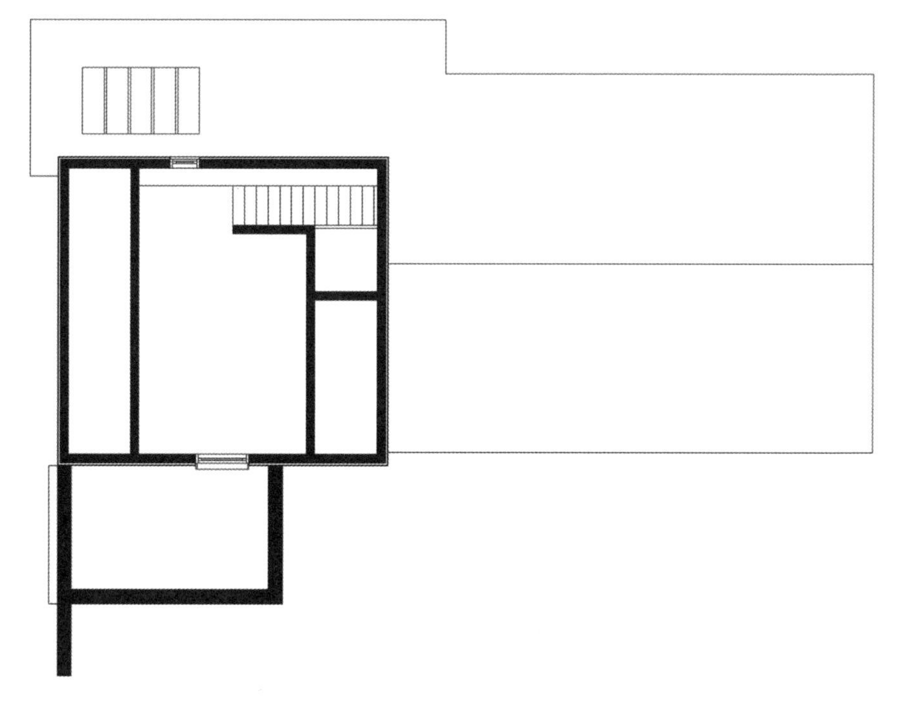

콤팩트 한 평면을 완성시켰습니다.

정다운 건축가 : 농가주택의 경우 가장 중요한 부분이 건축비입니다. 넉넉한 분들이 짓는 집이 아니기 때문에 자재 및 면적에 대한 부분을 고려하지 않을 수 없습니다. 단열 및 창호에 대한 부분은 강화하면서 내부와 외장재에 대한 부분을 욕심 부리지 않아 1억 중반대의 건축비로 완공을 할 수 있었습니다. 참고로 부가세 포함 금액입니다.

7월호 세번째

32평, 순수한 아름다움을 담다

STORY

꼭 비싼 자재를 써야만 고급 주택이 되고 예쁜 집이 되는 걸까요?

많은 집을 지었지만 언제나 위의 물음 앞에 놓이게 됩니다. 설계로 그리고 디자인으로 풀어낼 방법.

자재가 가진 고유의 느낌이 있으므로 북유럽식 스타일이나, 일본 젠 스타일 등은 특정 자재를 사용해야만 느낌을 살려낼 수 있습니다. 하지만 꼭 그렇지 않더라도 내 집이 조금 독특하고 자신만의 아이덴티티를 가지게 할 수 있는 방법. 그 방법에 대해서 정말 오랜 시간 고민했습니다.

이번 모델을 기획하고 설계하면서 외장재 포인트 부분을 최소화하고 매스와 지붕의 디자인만 살려 순수한 느낌의 집을 만들어보자는 것이 목표였습니다.

모임지붕부터 외쪽지붕, 엇갈린 지붕 등 정말 많은 디자인을 적용해 봤고 소형평수이지만 그동안 보아왔던 느낌이 아니라 새로운 평면의 현 트렌드에 맞는 세련된 집을 만들고 싶었습니다.

돈이 많다면 내가 원하는 것을 다 적용하고 비싼 자재들을 사용하면 좋겠지만 저희를 찾아주시고 관심 가져주시는 분들은 합리적인 금액대의 실용주의 주택을 선호하시는 분들입니다.

그런 분들의 기대에 부합하기 위해 계속해서 새로운 기획모델을 발표했고, 품질이 떨어지지 않는 가성비 높은 자재들을 적용해 충분히 현실 적용 가능한 금액대의 주택을 발표했습니다.

수많은 착오 끝에 완성된 이번 모델은 스타코플렉스의 화이트 외장재를 기본으로 매스 분절한 평면과 박공지붕 디자인만으로 집이라는 매개체가 가진 순수한 아름다움을 담아낼 수 있는 그런 집을 만들었습니다.

오히려 단조로운 느낌. 비어 보이는 느낌 그리고 과하지 않으면서 차분한 느낌의 집.

우리는 그런 집을 만들고자 했습니다.

#매력적인박공지붕 #가성비전원주택 #바닷가전원주택 #순수미 #ㄱ자형주택

PART 07

7월호 세번째

순수한 아름다움을 담다

공법 : 경량목구조
건축면적 : 106.39 m^2
1층 면적 : 70.46 m^2
2층 면적 : 35.93 m^2

지붕마감재_ 아스팔트쉬글 / 외벽마감재_ 스타코플렉스 / 포인트자재_ 세라믹 사이딩 / 실내벽마감재_ 실크벽지 / 실내바닥마감재_ 강마루 / 창호재_ 미국식 3중 시스템창호

예상 총 건축비 : 178,500,000원 (부가세 포함, 산재보험료 포함 / 설계비, 인허가비, 구조계산 설계비 별도)

설 계 비 : 4,800,000원 (부가세 포함) | 구조계산 설계비 : 3,200,000원 (부가세 포함)

인허가비 : 3,200,000원 (부가세 포함) | 인테리어 설계비 : 3,200,000원 (부가세 포함)

✔ 건축비 외 부대비용 : 대지구입비, 가구(싱크대, 신발장, 붙박이장), 기반시설 인입(수도, 전기, 가스 등), 토목공사, 조경비 등

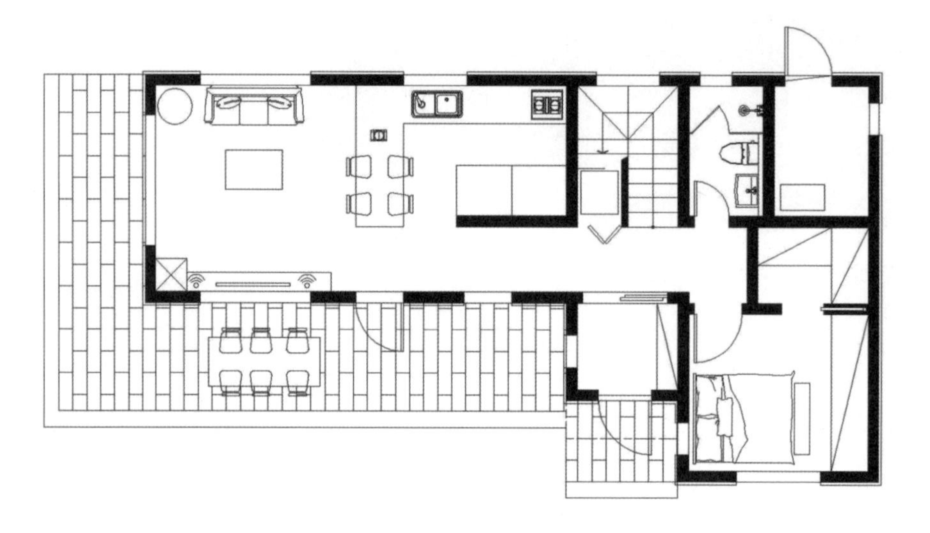

이동혁 건축가 : 'ㄱ'자형 주택의 매력을 제대로 보여주는 평면구성이라고 생각합니다. 벽을 많이 나누기보다는 현관을 중심으로 오픈공간과 프라이빗한 공간을 구분해주고, 가려줄 곳과 개방감 있게 보여줘야 할 곳을 설계적으로 잘 풀어낸 주택이라 평하고 싶습니다.

임성재 건축가 : 소형 평수에서는 주방과 거실을 분리하기보다는 이번 주택처럼 하나의 오픈 공간으로 가져가는 것이 유리합니다. 30평 형대는 정말 작은 면적이라 생각하시면 됩니다. 아파트처럼 확장형 발코니 공간 등이 없기 때문에 어설프게 벽을 구분하기보다는 뚫어줄 곳은 확실히 뚫어 시각적 개방감을 극대화하

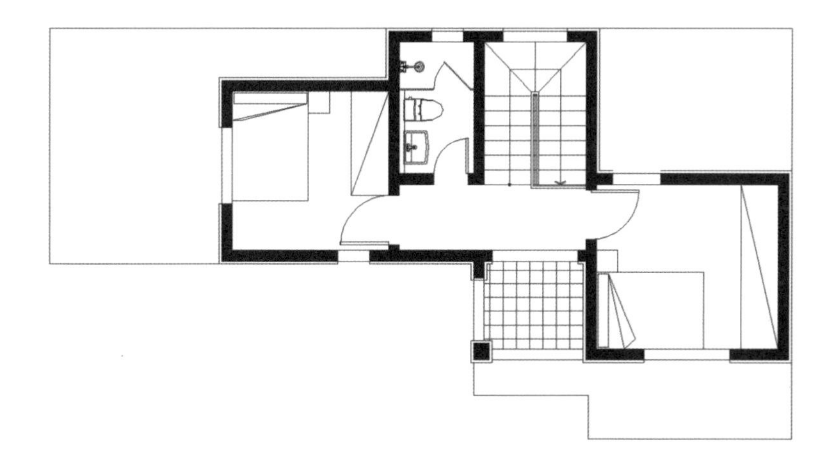

는 것이 좋습니다.

정다운 건축가 : 외벽에 특별한 자재를 붙이지 않더라도 지붕의 모양만으로도 예쁜 디자인을 만들어 낼 수 있습니다. 비용은 절감하면서 우리 집만이 가지는 아이덴티티를 가져갈 수 있는 가장 손쉬운 방법이지 않을까 생각합니다.

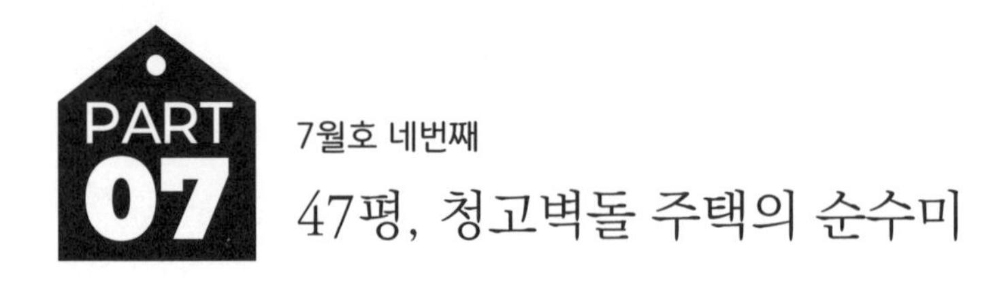

7월호 네번째

47평, 청고벽돌 주택의 순수미

STORY

"건축주님 외장재는 어떤 것으로 하실 거예요?"

건축가인 본인뿐만 아니라 집을 짓는 모든 분이라면 항상 마감자재에 대한 부분에서 고민에 휩싸입니다. 집에서 외장재는 사람으로 치면 어떠한 스타일의 옷을 입느냐와 마찬가지기 때문입니다.

집을 잘 디자인해 놓고 외장재를 잘못 선택하는 순간 내가 원하는 이미지의 집이 아닌 전혀 다른 느낌의 집이 될 수 있기에 외장재의 선택은 집의 이미지를 결정하는데 80% 이상의 비중을 차지하는, 중요한 부분이라 할 수 있습니다.

한국 사람들은 특히 다른 외장재보다 벽돌이라는 외장재를 좋아하고 선호합니다. 그 이면에는 아마 70~80년도에 살았던 빨간 벽돌이 매력 포인트인 조적식 단독주택에 대한 추억이 있기 때문일 것입니다. 어찌 보면 그 당시의 단독주택은 획일적인 느낌은 있지만, 당시의 시대상을 가장 잘 반영했던 주택일 수도 있을 것 같습니다.

빨간 벽돌로 마감된 2층 집. 거기에 조그만 마당과 철문이 양쪽으로 되어있는 대문. 요즘은 이런 대문도 보기 힘들어진 시대가 됐는데 제가 어릴 적만 해도 이런 단독주택이 정말 흔했거든요.

이런 벽돌에 대한 선호와 관심이 세월을 지나 지금에 이르게 되었는데,

지금은 빨간 벽돌에 대한 이미지는 많이 흐려진 대신 감성이 살아있는 오래된 느낌의 고벽돌과 청고벽돌이 관심을 이어받았습니다.

2019년 트렌드 중 하나가 '뉴트로'라고 하더군요. 옛날 감성을 현대적으로 해석한 인테리어 사례가 워낙 많이 나오고 있어서 동네 카페만 가도 고벽돌 인테리어는 쉽게 찾아 볼 수 있습니다.

이번에 집을 설계하면서 선택한 외장재는 벽돌 중에서도 청고벽돌이라는 자재입니다. 옛 감성을 그대로 가지고 있으면서 촌스럽지 않고 오히려 차가운 도시적인 느낌마저 들게 하는 외장재입니다. 모던한 스타일에 가장 잘 어울리는 자재라 할 수 있으며, 이번에 설계한 박스형 입면에 좀 더 도시적인 느낌을 가미해주고 있습니다.

취향저격이라는 단어가 있죠. 전원주택이라고 해서 꼭 시골스럽게 지어야 한다는 고정관념을 저는 부수고 싶습니다. 집이란 따뜻하고 비 안 새는 것을 기본으로 보고만 있어도 행복한 느낌이 드는 외형을 갖춰야 한다고 생각합니다.

과시가 아닌 뿌듯함을 느낄 수 있는 집.

이번 월간 홈트리오 7월호는 그러한 매력을 듬뿍 가진 집이라고 설명해드리고 싶네요.

#청고벽돌 #40평대주택 #발코니 #리얼징크 #취향저격

PART 07

7월호 네번째

청고벽돌 주택의 순수미

공법 : 경량목구조

건축면적 : 155.02 m²

1층 면적 : 84.06 m²

2층 면적 : 70.96 m²

지붕마감재_ 아스팔트쉬글 / 외벽마감재_ 청고벽돌 / 포인트자재_ 리얼징크 / 실내벽마감재_ 실크벽지 / 실내바닥마감재_ 강마루 / 창호재_ 미국식 3중 시스템창호

예상 총 건축비 : 264,200,000원 (부가세 포함, 산재보험료 포함 / 설계비, 인허가비, 구조계산 설계비 별도)

설 계 비 : 7,050,000원 (부가세 포함) | 구조계산 설계비 : 4,700,000원 (부가세 포함)

인허가비 : 4,700,000원 (부가세 포함) | 인테리어 설계비 : 4,700,000원 (부가세 포함)

✔ 건축비 외 부대비용 : 대지구입비, 가구(싱크대, 신발장, 붙박이장), 기반시설 인입(수도, 전기, 가스 등), 토목공사, 조경비 등

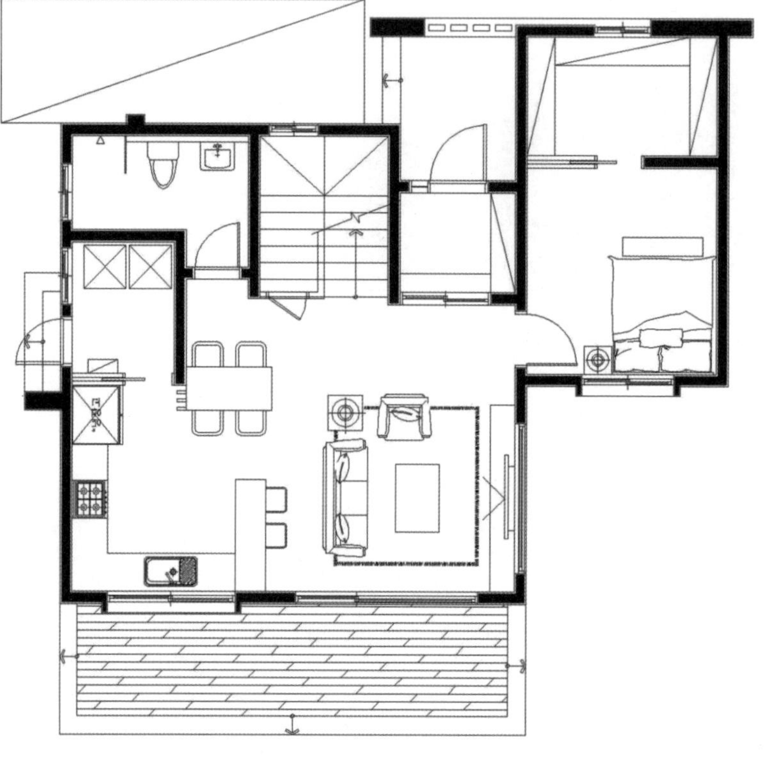

이동혁 건축가 : 청고벽돌의 매력에 한번 빠지면 헤어 나올 수가 없습니다. 푸른빛이 감도는 특유의 느낌. 무겁지 않으면서 시크한 느낌이 가미된 벽돌. 그 취향저격 느낌을 담아낸 이번 주택은 디자인면에서 단연 최고라고 말하고 싶네요.

임성재 건축가 : 화장실에 대한 문의가 은근히 많은데요. 목조주택에서는 무조건 화장실은 1층과 2층 같은 위치에 놓여야 합니다. 설비적인 부분과 누수에 대한 방수 부분이 같은 라인에 놓였을 때 극대화될 수 있습니다. 혹 1층과 2층 화장실 위치를 다른 게 잡는다고 생각하셨다면 큰일 납니다. 꼭 같은 라인에 만드시길 바랍니다.

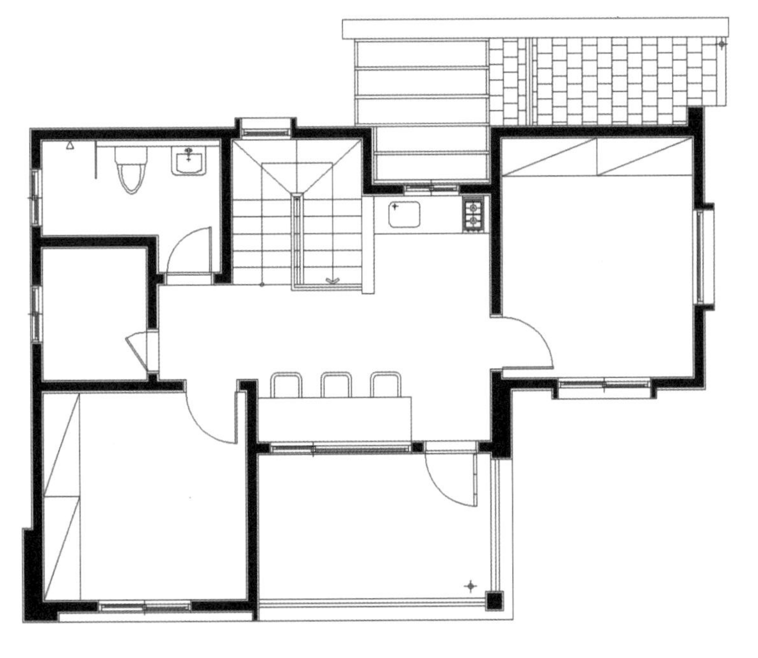

정다운 건축가 : 목조주택에 옥상은 당연히 안 되는 거 아시죠! 또한 2층 발코니를 만들 때에도 지붕을 덮는 것은 필수입니다. 1~2년은 상관없지만 결국 언젠가는 방수층이 외기에 접해 깨질 염려가 있으니 사전에 방수층을 보호할 수 있는 방법을 다 강구해 두시는 것이 좋습니다.

부모님께 드리는 선물

평생 고생만 하신 우리 부모님.

이제는 추운 집이 아니라 방바닥 따뜻한 곳에서

지내게 해 드리고 싶은 마음입니다.

크지 않아도 돼요.

아담하지만 포근함이 느껴지는 집.

화려하지는 않지만 따스함이 느껴지는 집.

그런 집을 부모님께 선물해드리고 싶어요.

THANKS
Mom&
Dad

8월호 첫번째

34평, 모던에 모던을 더하다

STORY

젊은 세대가 전원주택 시장에 진입하면서 최근 저희에게 문의하시는 분들의 주 연령층은 50대 이상보다 30대 중반 층이 많습니다. 노후에 집을 지어 살겠다는 분도 있지만, 조금이라도 내 아이들이 어렸을 때 마당 있는 집에서 살게 해 주겠다는 생각을 많이 하는 것 같습니다.

쌍둥이를 키우고 있는 저도 아파트보다 조금 손이 많이 가더라도 마당 있는 전원주택을 선호하니 젊은 세대의 집에 관한 관심이 얼마나 높은지 알 수 있습니다.

이번 모델을 기획하면서 저희 스스로 많은 고정관념을 내려놓는 기회가 되었습니다. 특히 박공지붕에 대한 확신이 있는 저희로서는 클래식한 디자인의 한계를 항상 가지고 있었는데요. 이번 프로젝트를 진행하면서 많은 디자인 가치관을 새롭게 다지는 계기가 되었습니다.

모던 스타일의 가장 대표 이미지는 박스형의 간결한 모습이죠.

군더더기 없이 세련되며, 차가운 도시적인 느낌이 드는 그런 모습이 모던 스타일을 대표하는 모습일 것입니다.

처마가 나오고 경사지붕이 있는,

옛날 단독주택의 이미지는 방금 말한 것과 같이 획일화되어있는 이미지인데요. 이런 이미지들이 시간을 겪으며 도시에 맞게 그리고 전원생활 속에서도 나만의 아이덴티티를 집에 담아내는 방향으로 발전했습니다.

10년 전 만 해도 집을 이런 박스형으로 짓는다고 하면 시골에 계시는 부모님들이 결사반대하셨는데요. 지금은 인식이 많이 바껴 오히려 부모님들이 촌스럽게 짓지 말고 예쁘게 지어달라고 요구하는 편입니다.

박스형 모던 스타일, 간결한 선과 군더더기 없는 마감.
조금 차가워 보일 수 있지만, 그 디자인 안에 담긴 매력은 그동안 봐오지 못한 또 다른 주택의 모습을 볼 기회가 될 것입니다.

#단층집 #다락방 #모던하우스 #가성비 #부모님선물

공법 : 경량목구조
건축면적 : 113.84 m^2
1층 면적 : 98.26 m^2
다락면적 : 15.58 m^2

지붕마감재_ 아스팔트쉥글 / 외벽마감재_ 스타코플렉스 / 포인트자재_ 파벽돌, 루나우드 / 실내벽마감재_ 실크벽지 / 실내바닥마감재_ 강마루 / 창호재_ 미국식 3중 시스템창호

예상 총 건축비 : 167,000,000원 (부가세 포함, 산재보험료 포함 / 설계비, 인허가비, 구조계산 설계비 별도)

설 계 비 : 5,100,000원 (부가세 포함) | 구조계산 설계비 : 3,400,000원 (부가세 포함)

인허가비 : 3,400,000원 (부가세 포함) | 인테리어 설계비 : 3,400,000원 (부가세 포함)

✔ 건축비 외 부대비용 : 대지구입비, 가구(싱크대, 신발장, 붙박이장), 기반시설 인입(수도, 전기, 가스 등), 토목공사, 조경비 등

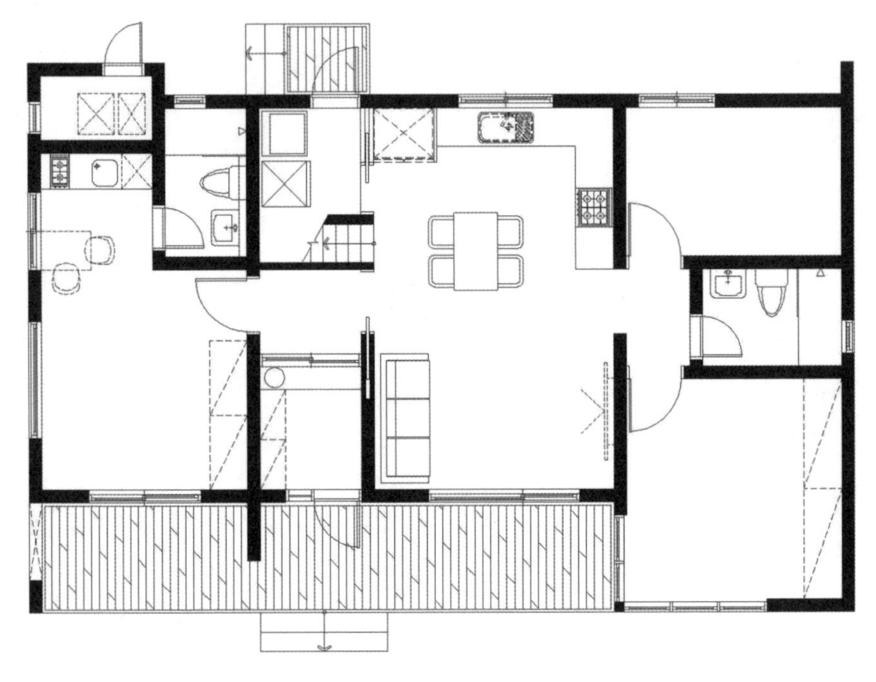

이동혁 건축가 : 클래식한 박공지붕의 이미지를 탈피하고 감춰진 지붕으로 모던함 이미지를 충분히 낼 수 있다는 것을 보여주고 싶었습니다. 단층 주택이 가지는 디자인적 한계를 극복한 모델로 부모님 집이나 세컨드 하우스를 생각하고 계신 분들에게 적합한 집으로 설계되었습니다.

임성재 건축가 : 집을 짓고자 하시는 분들은 외장재에 대한 고민이 많을 거라 생각됩니다. 보다 보면 자꾸 비싼 외장재에 눈길이 가는데 부족한 예산 앞에서 욕심부릴 필요 없습니다. 스타코플렉스의 외장재 색상의 변경만으로도 이번 주택처럼 다양한 이미지가 연출 가능하며, 외부 오염에 대한 부분도 안심할 수 있습니다.

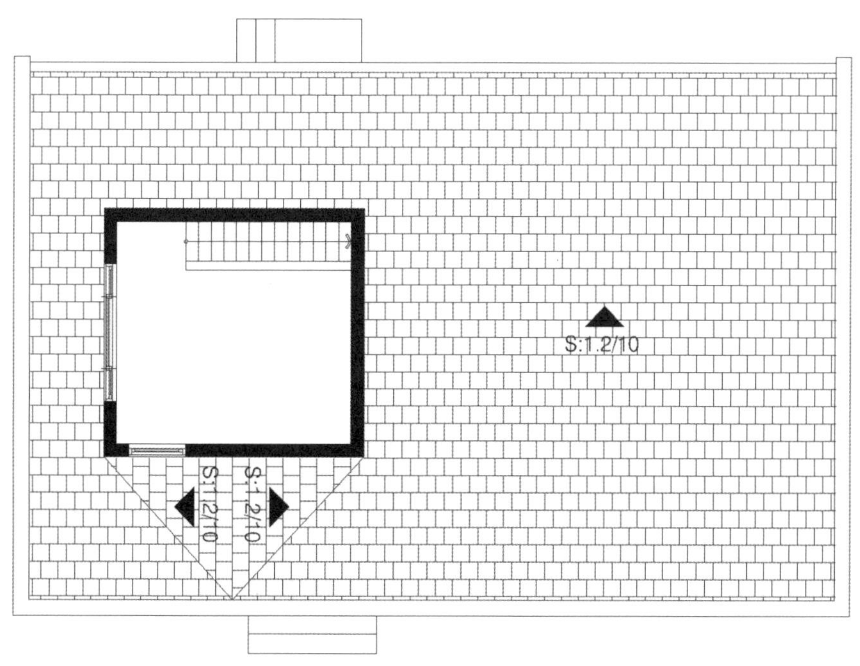

정다운 건축가 : 다락이라는 공간은 생각보다 다양한 목적으로 활용될 수 있습니다. 건축비가 1층 방을 구성하는 비용의 70% 정도이기 때문에 1층에 건폐율 한계로 집을 못 앉힌다면 다락이라는 공간을 활용하여 그 공간을 충족시켜줄 수 있습니다. 최소 4평 이상이 되어야 사용할만한 공간으로 나오며, 가중평균 1.8m의 높이기 때문에 주 생활보다는 세컨드 공간으로서 활용하시는 것이 좋습니다.

8월호 두번째

30평, 부모님께 선물하고픈 집

STORY

“이번 겨울에 부모님 집에 보일러 하나 놔 드려야겠어요.”

몇 년 전인가요? OO보일러 광고에서 위 멘트로 감성적인 마케팅을 했었죠. 고향의 부모님 집은 항상 우리 마음속에 아련히 남아있는 추억 속의 공간이죠. 어렸을 때는 커 보이고 따뜻하기만 했었는데 시간이 지나고 보니 너무 낡고 춥고, 불편함이 가득한 공간으로 변해버렸습니다.

세월이 지나면서 고향의 부모님 집을 새롭게 지어드리고 싶은 마음이 들었는데요. 어디서부터 시작해야 하는지 막막하기만 하네요.

저희에게 상담받으러 오는 분 중 생각보다 많은 분께서 본인 집이 아닌 부모님 집을 지어드리기 위해 방문하십니다. 자금의 여유가 많이 있는 것은 아니지만 더 늦기 전에 부모님이 조금이라도 따뜻한 곳에서 지내길 바라는 마음이 크기 때문일 것입니다.

월간 홈트리오 8월호에서는 이런 마음을 담은 부모님 집을 기획했고, 너무 큰 부담이 없는 선에서 부모님 두 분의 마음에 꼭 드는 집을 완성하고자 했습니다.

모던 스타일이나 일본의 젠 스타일의 경우 너무 도시적인 느낌이 강하기 때문에 현재 지내고 계시는 집의 느낌에서 크게 벗어나지 않는 모양으로 외관을 잡았고 단열은 강화하되 추가 건축비에 대한 부담을 최대한 줄이고자 외장에 대한 비용을 줄이는 디자인을 했습니다.

30평의 단층.

그리고 안정감 있는 회색 박공지붕이 고즈넉하게 내려앉은 집.

더할 나위 없는 부모님 집이라 설명해 드리고 싶고 부담 없는 건축비로 가성비까지 잡은 주택이라 평하고 싶습니다.

#단층전원주택 #아름다움 #안정감 #고향집 #부모님선물

PART 08

8월호 두번째

부모님께 선물하고픈 집

공법 : 경량목구조
건축면적 : 99.96 m²
1층 면적 : 99.96 m²
2층 면적 : 00.00 m²

지붕마감재_ 아스팔트쉬글 / 외벽마감재_ 스타코플렉스 / 포인트자재_ 파벽돌 / 실내벽마감재_ 실크벽지 / 실내바닥마감재_ 강마루 / 창호재_ 미국식 3중 시스템 창호

예상 총 건축비 : 160,000,000원 (부가세 포함, 산재보험료 포함 / 설계비, 인허가비, 구조계산 설계비 별도)

설 계 비 : 4,500,000원 (부가세 포함) | 구조계산 설계비 : 3,000,000원 (부가세 포함)

인허가비 : 3,000,000원 (부가세 포함) | 인테리어 설계비 : 3,000,000원 (부가세 포함)

✓ 건축비 외 부대비용 : 대지구입비, 가구(싱크대, 신발장, 붙박이장), 기반시설 인입(수도, 전기, 가스 등), 토목공사, 조경비 등

PLAN
F1

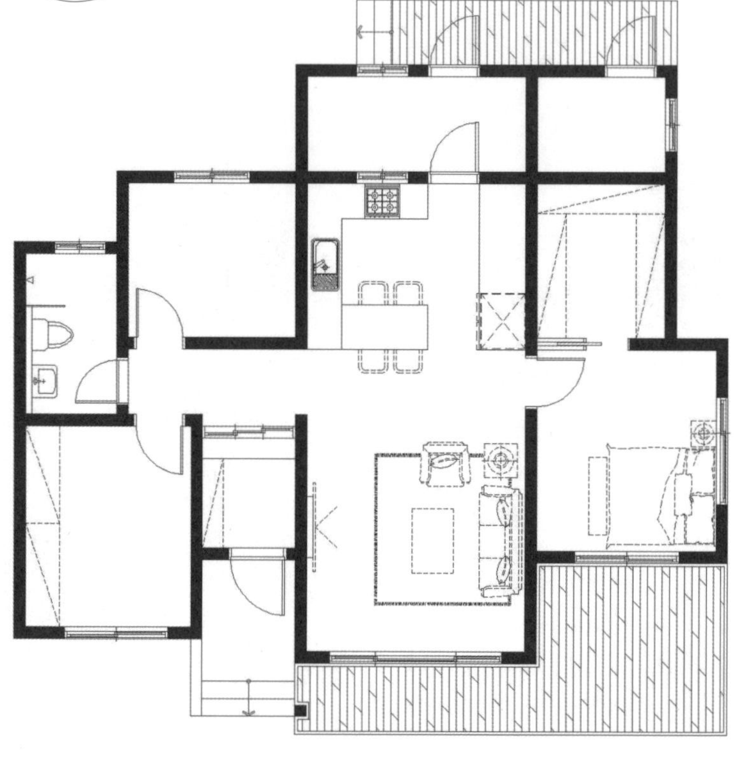

이동혁 건축가 : 클래식한 외관이 빛을 발하는 집이에요. 박공지붕의 안정감 있는 디자인과 단층의 구성으로 부담 없는 입면을 완성시켰습니다. 모던 스타일이나 일본의 젠 스타일의 경우 부모님 세대에서 거부반응이 있는 경우가 많아 부모님 집을 짓고자 할 때에는 위의 모델처럼 중간점을 잘 밸런스 있게 유지하면서 디자인하는 것이 좋습니다.

임성재 건축가 : 30평이라는 제약적인 공간 안에서 평면을 풀고자 하였습니다. 방은 3개로 구성하되 공용공간을 더 가지고 가기 위해 화장실을 1개만 배치했고, 거실과 주방을 오픈되어있는 하나의 공간으로 개방하여 좁지만 부모님 두 분이 충분히 생활할 수 있는 공간을 만들어 냈습니다.

정다운 건축가 : 시골에서는 다용도실이 필수입니다. 기본 냉장고가 2대 이상 보유를 하고 계시기 때문에 고향의 부모님 집을 짓고자 하실 때 다용도실을 넓힐 수 있는 최대한 선으로 넓혀서 만들어 주시는 것이 좋습니다.

8월호 세번째

39평, 알프스의 감성을 담다

STORY

도심을 벗어나 한적한 숲속으로 들어간다는 것.

복잡한 생활을 탈피해 조용히 혼자만의 시간을 즐기는 생활이라 할 수 있습니다.

도심에 짓는 집을 전원주택이라고 하지는 않죠. 도시에 있는 땅은 땅 값이 워낙 비싸서 그곳에 조그만 집을 짓는 것은 오히려 낭비일 수도 있습니다.

작고 조용하고 아담한, 나와 아내만을 위한 집.

그런 집은 도심을 벗어나 한적한 시골로 들어와야만 가능하겠죠.

솔직히 도심을 벗어난다는 것은 많은 편의성을 포기하는 것과 같습니다. 서울의 경우 차로 10분만 움직여도 백화점부터 터미널, 시장, 마트 등이 모두 존재하죠. 하지만 전원생활을 시작하면 마트에 가기 위해 20분 이상 차로 나와야 하는 경우도 생깁니다.

그래도 도심에서는 느낄 수 없는 그 무언가.

그 무언가를 갖기 위해 전원생활에 도전하는 것 같습니다.

은퇴 후 아내와 나만 살 집이 그렇게 클 필요는 없습니다. 30평대의 단층으로 집을 짓고 아이들이 놀러 왔을 때 쉬다 갈 수 있는 작은 다락방이면 충분합니다.

100세 시대다 보니 늙어가는 느낌을 내고 싶지는 않아요. 집도 넓게 그리고 인테리어도 젊게 하고 싶습니다.

해외여행을 다녀오면서 이국적인 느낌의 집들을 정말 많이 봤어요. 보고만 있어도 힐링이 되는 그런 집들. 특별한 디자인이 있는 것은 아니지만 뭔가 저 집에 살면 행복할 것만 같은 기분이 드는 집.

그런 집을 원합니다.

포근한 감성과 이국적인 풍경이 집과 잘 어우러지는 그런 주택.

그동안 꿈꿔왔던 그러한 꿈속의 집을 지금 선보입니다.

#알프스 #감성충만 #우리집 #꿈속의집 #단층전원주택

PART 08

8월호 세번째

알프스의 감성을 담다

공법 : 경량목구조
건축면적 : 128.78 m²
1층 면적 : 114.56 m²
다락면적 : 14.22 m²

지붕마감재_ 아스팔트쉬글 / 외벽마감재_ 스타코플렉스 / 포인트자재_ 파벽돌, 루나우드, 리얼징크 / 실내벽마감재_ 실크벽지 / 실내바닥마감재_ 강마루 / 창호재_ 미국식 3중 시스템창호

예상 총 건축비 : 210,000,000원 (부가세 포함, 산재보험료 포함 / 설계비, 인허가비, 구조계산 설계비 별도)

설 계 비 : 5,800,000원 (부가세 포함) | 구조계산 설계비 : 3,900,000원 (부가세 포함)

인허가비 : 3,900,000원 (부가세 포함) | 인테리어 설계비 : 3,900,000원 (부가세 포함)

✓ 건축비 외 부대비용 : 대지구입비, 가구(싱크대, 신발장, 붙박이장), 기반시설 인입(수도, 전기, 가스 등), 토목공사, 조경비 등

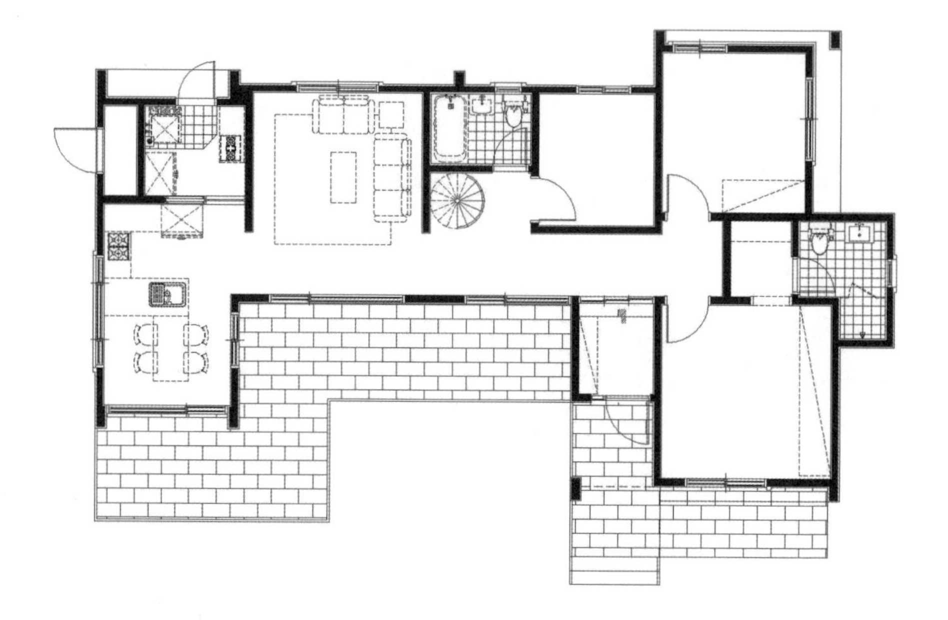

이동혁 건축가 : 획일적인 배치에서 벗어나고 싶었습니다. 복도라는 매력적인 공간을 죽은 공간이 아닌 살아있는 공간으로 재 탄생시키면서 그동안 보아왔던 주택 평면에서 벗어나 새로운 느낌이 나는 설계를 진행하였습니다. 보통 집 안에 들어왔을 때 거실이라는 공간에서 각 공간들로 뿌려주는 형식이 일반적이었는데요. 이러한 아파트식 구조가 일반화되다 보니 어느 순간 모든 집들의 공간 구성이 비슷비슷하게 만들어지게 될 것 같습니다. 복도를 기준으로 각 공간별로 구획하고 전면 창을 통해 채광과 조망에 대한 부분을 해결한 주택. 조금은 색다른 공간이라는 생각이 들지 않으시나요?

임성재 건축가 : 'ㄷ'자형 주택이 흔하지는 않죠. 거실과 방을 복도라는 공간에서 구분하면서 자연스럽게 'ㄷ'자형 배치를 만들어 냈습니다. 전면부 데크를 설치하여

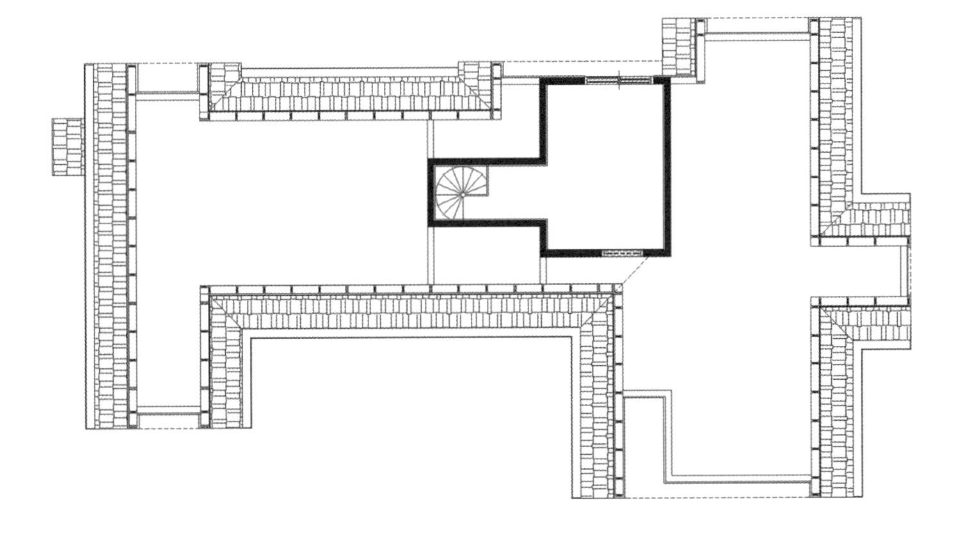

외부로의 동선 확장을 유도하였으며, 다락으로 올라가는 계단실 면적을 줄이기 위해 원형계단을 사용해 안정감과 자리를 적게 차지하는 부분을 만족시켜주었습니다.

정다운 건축가 : 디자인이 항상 고민이에요. 어디서 본듯한 느낌이 들지 않게 새로운 느낌을 담아낸다는 것이 정말 어려운 일입니다. 다행히 평면 자체에서 유니크한 공간이 만들어져 매스 자체에서 볼륨감을 한번 잡아주고, 박공지붕의 경사면과 디자인을 이 집만이 가지는 특징적인 부분으로 부각해 이국적인 느낌이 물씬 풍길 수 있게 완성하였습니다.

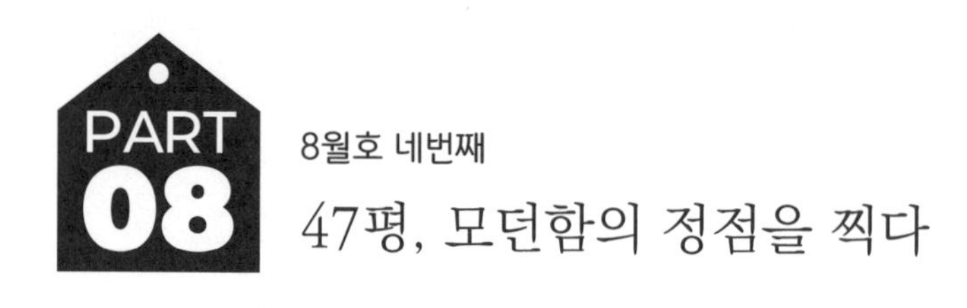

8월호 네번째

47평, 모던함의 정점을 찍다

STORY

집을 짓는다고 하면 다들 2층의 멋진 전원주택을 가장 먼저 떠올립니다. 하지만 두 사람이 살 집이 클 이유도 없고 무릎 아프게 2층으로 지어야 할 이유도 없죠.

4인 가족을 위한 주택이라면 되도록 2층을 추천하여 설계하지만 부모님이 지내실 주택이나 세컨드 하우스를 고민 중이신 분에게는 적극적으로 단층 주택을 추천합니다.

"2층으로 올리지 않으면 집이 안 예쁠 것 같아요."
"농촌에 있는 집처럼 보이는 건 싫은데…"

이해합니다.

그동안 단층 주택이라고 하면 모던한 느낌이나 트렌디한 느낌이 아닌 정말로 시골집처럼 지었거든요. 그래서 많이 고민한답니다. 일생에 한 번 짓는 집. 단층 주택이라고 무시당하지 않게, 진짜 멋지게 지어보자. 부모님이 사신다고 해서 집도 나이 들게 지을 이유 없습니다. 그럴수록 더욱더 젊고 세련되게.

도시적인 느낌과 고급스러운 느낌이 같이 공존할 수 있는 그런 집을 만들고자 했고, 단순한 박스형 이미지에서 벗어나 볼륨감 있고, 매력적인 주택으로 이번 월간 홈트리오 8월호 모델을 완성했습니다.

지붕의 경사 레벨을 다르게 만들고 전면부 통 창을 통해 답답함을 없앴으며, 마지막으로 징크라는 도시적인 마감자재를 포인트로 사용해 시크하면서도 멋짐이 폭발하는 집을 만들어 냈습니다.

아직도 단층 주택이 시골집처럼 클래식한 느낌만 난다고 생각하시나요? 단층 주택에 대한 고정관념을 깨는 것. 그것이 이번 프로젝트의 핵심이었습니다.

#단층단독주택 #모던스타일 #심플함 #세컨하우스 #더할나위없음

8월호 네번째

모던함의 정점을 찍다

공법 : 철근콘크리트(RC)
건축면적 : 156.05 m²
1층 면적 : 156.05 m²
2층 면적 : 00.00 m²

지붕마감재_ 아스팔트쉬글 / 외벽마감재_ 스타코플렉스 / 포인트자재_ 파벽돌, 루나우드, 리얼징크 / 실내벽마감재_ 실크벽지 / 실내바닥마감재_ 강마루 / 창호재_ 미국식 3중 시스템창호

예상 총 건축비 : 297,200,000원 (부가세 포함, 산재보험료 포함 / 설계비, 인허가비, 구조계산 설계비 별도)

설 계 비 : 7,050,000원 (부가세 포함) | **구조계산 설계비 : 4,700,000원** (부가세 포함)

인허가비 : 4,700,000원 (부가세 포함) | **인테리어 설계비 : 4,700,000원** (부가세 포함)

✓ 건축비 외 부대비용 : 대지구입비, 가구(싱크대, 신발장, 붙박이장), 기반시설 인입(수도, 전기, 가스 등), 토목공사, 조경비 등

PLAN

F1

이동혁 건축가 : 단층 주택으로 짓는다고 집이 시골집처럼 촌스럽게 지을 이유는 없습니다. 단층이지만 충분히 세련되고 트렌디하게 지을 수 있답니다. 박스형의 모던한 입면에 뒤로 기울어지는 외쪽지붕을 적용하여 빗물이 고이는 우수에 대한 부분을 해결해주고 가등급의 외단열에 3중 시스템창호까지 적용해 단열적인 부분까지 완벽하게 잡은 집이랍니다.

임성재 건축가 : 넓은 다용도실은 전원생활에 있어서 없어서는 안 될 중요한 공간입니다. 특히 냉장고를 많이 가지고 계신 분들이 많기 때문에 주방에 다 놓을 생각 마시고 다용도실을 별도로 크게 구성하여 그쪽에 넣어주시고 다양한 그릇 및

식료품 등도 다용도실을 통해 수납할 수 있게 만다는 것이 좋습니다.

정다운 건축가 : 답답함을 없애주는 것이 가장 큰 포인트입니다. 전면부 거실 통창을 통해 시각적 개방감을 확보해주고, 데크 위 포치를 조금 더 앞쪽으로 내주어 비가 내릴 때 창문을 열더라도 들이치지 않도록 설계를 진행하였습니다.

PART 09

우리 가족의 첫 번째 집이랍니다

월세와 전세만 살다가

드디어 우리 가족의 첫 번째 집을 짓습니다.

비바람을 막아주고

겨울의 한파를 막아주는 예쁜 우리 집.

"우리 집에 놀러 오실래요?"

9월호 첫번째

33평, 노을빛에 물들다

STORY

"시끄러운 도시 말고 새소리가 들리는 조용한 곳에서 노을 지는 것을 본 적 있으세요?"

저희는 전원주택을 전문적으로 짓는 일을 하다 보니 좋다고 하는 땅에는 대부분 가본 것 같은데요. 어느 땅에 가보면

"아, 이곳은 정말 힐링을 하기에 최적의 장소구나!"라는 생각이 드는 곳이 있습니다.

그런 곳에 있으면 잠시 일을 잊고 돌이나 나무 밑에 앉아 하염없이 주변 경치를 즐기며 특히 해가 지는 노을빛을 멍하니 쳐다보고 있을 때가 있는데요. 아마 이런 느낌은 느껴 본 사람만 알 수 있을 거예요. 뭔가 복잡했던 머릿속이 천천히 풀어지고 나른해지는 느낌이 들면서 그동안 내가 별것도 아닌 문제 때문에 스트레스받고 있었다는 생각이 든답니다.

크지 않지만 내 마음에 쉼을 선물 해 줄 수 있는 공간에서 일주일에 단 하루만이라도 생활하며 그 공간에서 쉴 수 있다면 그보다 더 큰 선물이 있을까요?

백화점에서 강연을 진행하다 보면 가끔 제가 이런 질문을 합니다.

"집 하면 무엇이 떠오르세요?"

다들 어떠한 답을 저에게 줄까요? 대부분의 사람은 집 하면 떠오르는 가

장 첫 번째 이미지로 '아파트'를 떠올립니다. 그리고 '재테크'라는 단어와 연관되어 그 이미지를 생각합니다. 각박해진 생활 속에서 집이라는 이미지는 위와 같이 생각지도 못한 순간에 변하여 우리 머릿속에 자리 잡은 것이죠.

집을 짓는 건축가로서 그리고 젊은 건축가로서 단순히 아파트와 재테크의 수단이 아닌 추억과 쉼, 그리고 진정한 마음속 행복을 만들어 드려야겠다고 생각합니다.

약 7개월. 집 한 채가 지어지는 이 기간은 단순히 건물을 지어 끝내겠다는 생각보다는 이 집이 그 어떤 누군가에게 의미 있고 뜻깊은 존재로서 각인되길 바랍니다.

아름다운 노을빛이 감싸 안는 집.

그리고 그 공간 안에서 생활하는 나를 발견하는 것.

이번 월간 홈트리오 9월호에서 저희가 추구하고자 했던 그 느낌을 여러분도 느껴보시길 바랍니다.

#박공지부의매력 #단층전원주택 #노을빛 #감성저격 #독특한평면

PART 09

9월호 첫번째

노을빛에 물들다

공법 : 경량목구조
건축면적 : 109.32 m^2
1층 면적 : 94.90 m^2
다락면적 : 14.42 m^2

지붕마감재_ 아스팔트쉬글 / 외벽마감재_ 스타코플렉스 / 포인트자재_ 파벽돌, 루나우드 / 실내벽마감재_ 실크벽지 / 실내바닥마감재_ 강마루 / 창호재_ 미국식 3중 시스템창호

예상 총 건축비 : 183,800,000원 (부가세 포함, 산재보험료 포함 / 설계비, 인허가비, 구조계산 설계비 별도)

설 계 비 : 4,950,000원 (부가세 포함) | 구조계산 설계비 : 3,300,000원 (부가세 포함)

인허가비 : 3,300,000원 (부가세 포함) | 인테리어 설계비 : 3,300,000원 (부가세 포함)

✔ 건축비 외 부대비용 : 대지구입비, 가구(싱크대, 신발장, 붙박이장), 기반시설 인입(수도, 전기, 가스 등), 토목공사, 조경비 등

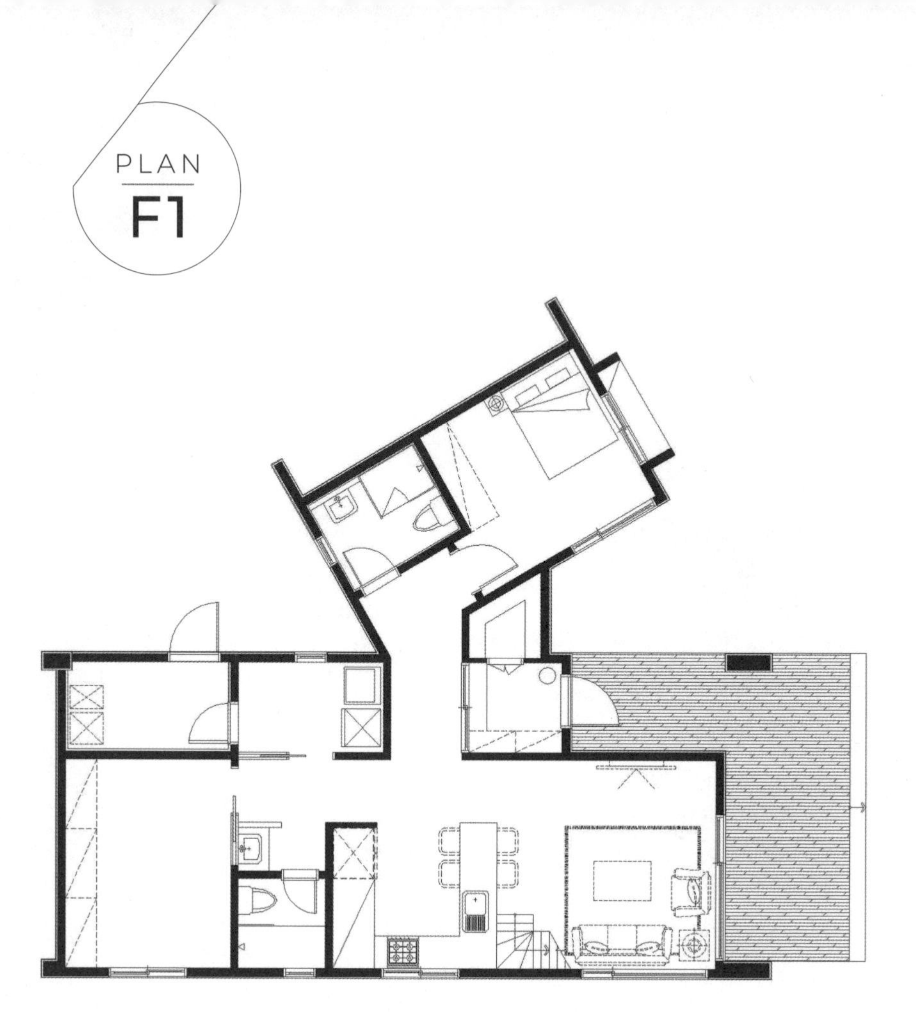

이동혁 건축가 : 획일적인 평면구성에서 벗어나고 싶었습니다. 아마 'ㅅ'자형 배치는 처음 보시지 않을까 생각되네요. 네모난 땅에 직사각형이나 기역자형 집만 놓인다는 생각은 어찌 보면 고정관념일 수도 있습니다. 주변의 조경과 데크 등을 적절히 배치하면서 이 집을 놓아준다면 그 어떤 집보다도 유니크한 집으로 탄생시킬 수 있을 것입니다.

임성재 건축가 : 다락에 대한 문의가 많습니다. 최소 몇 평을 해야 되는지 궁금해하시는 분들이 많으신데요. 다락은 경사진 면이 있으므로 최소 4평 이상을 하셔야지만 활동이 가능한 면적이 나온답니다.

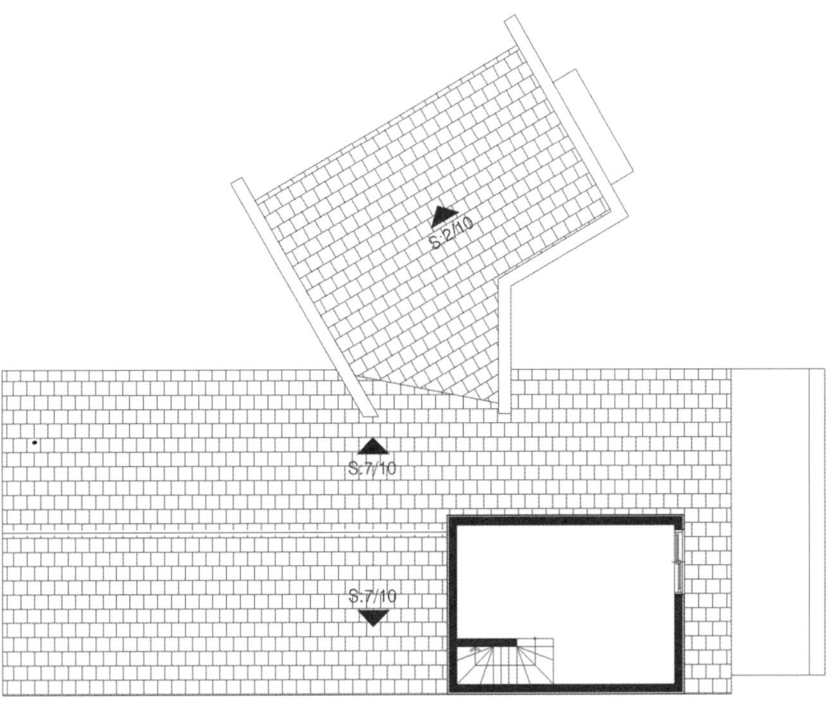

정다운 건축가 : 무조건 큰 창을 낸다고 해서 좋은 것은 아니에요. 적절히 그리고 적당히 사용하는 것이 좋습니다. 크게 많이 낼 수록 다 건축비 추가 금액이랍니다. 조망창이라고 하면 길고 작게, 메인 거실 창 정도만 큰 통창으로 설치해도 충분히 개방감을 느끼실 수 있으실 것입니다.

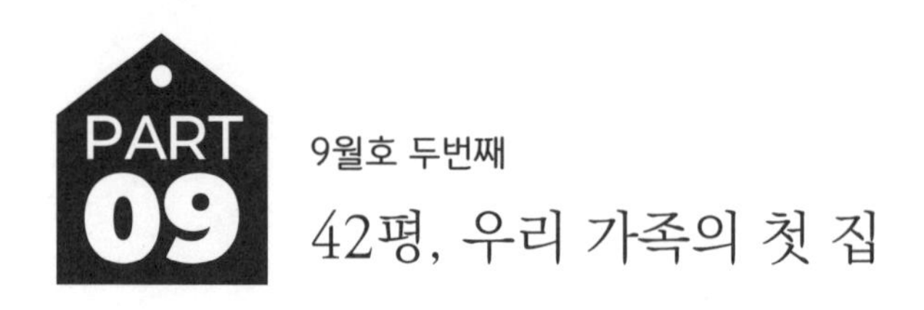

9월호 두번째

42평, 우리 가족의 첫 집

STORY

"여러분들이 생각하는 집의 모습은 어떠한가요?"

각자가 원하는 느낌이나 공간 구성들은 아마 다 다를 거예요. 오히려 똑같다면 그게 이상한 것이겠죠. 사람들이 아파트를 선호한다고 해서 아파트 평면구성이 모든 사람의 마음에 들 거라는 생각은 고정관념일 수 있습니다. 예전에 리서치 업체에서 아파트 만족도에 대한 설문 조사 결과를 발표한 내용을 보니 의외로 아파트에 대한 공간 만족도는 떨어진다는 것을 확인할 수 있었습니다.

사람들 각자의 취향과 라이프스타일이 다르다 보니 획일적으로 구성된 아파트 평면은 대중적일 수 있지만 개개인을 모두 만족시킬 수는 없을 것입니다.

여러분이 입고 다니는 옷 스타일만 봐도 정말 천차만별이잖아요. 개인이 입고 다니는 옷의 취향만 봐도 각자의 개성이 모두 다른데 집도 마찬가지겠죠.

집을 짓기 위해 설계를 진행할 때마다 참 어려워요. 어떤 분이 그러시더라고요.

"밥만 먹고 하는 일이 집 짓는 일인데 쉽지 않아요?"

참… 반박하기는 어렵지만, 매번 새로운 느낌의 집을 만든다는 것이 정말 어렵긴 해요. 특히 개개인의 취향과 원하는 방향성이 다 다르다 보니 매번 어려움을 느끼고 가끔은 한계에 부딪히기도 합니다.

이번 월간 홈트리오 9월호를 준비하면서도 참 많은 한계를 느꼈습니다. '우리 가족의 첫 번째 집'이라는 주제로 시작했기 때문에 어설프게 지으면 안 되고 그렇다고 너무 과하게 지어도 안 되니 그 중간점을 찾는 데 오랜 시간이 걸렸습니다.

최종 저희가 내린 결론이 무엇이었을까요?

솔직히 모든 사람이 만족할 수 있는 집을 만든다는 것은 불가능하다는 것을 스스로 인정했습니다. 다만 조건들을 선정하고 그 조건에 대중이 최대한 만족할 수 있는 집을 만들기로 했어요.

저희의 주 고객층은 젊은 30~40대 층입니다. 노후에 살 집보다는 젊은 신혼부부가 아이들과 살기 좋은 집으로 설계 방향을 잡았고, 추후 집을 팔 때도 환급성이 좋은 디자인과 평면구성을 진행했습니다.

항상 말하듯 이것이 정답은 아니겠죠. 하지만 하나의 제안이 될 수 있을 거로 생각합니다.

최근에 분양되는 전원주택 택지를 보니 채 100평이 안 되는 것을 알 수 있었습니다. 큰 평수도 80평 정도밖에는 안되더라고요. 그런 땅에 지을 수 있는 모델을 제안한다고 생각해주시면 좋을 것 같고 도심형으로 설계한 주택이라 받아들여 주셨으면 좋겠습니다.

#전원생활 #청고벽돌 #3중시스템창호 #리얼징크 #여자마음저격

우리 가족의 첫 집

공법 : 경량목구조
건축면적 : 138.10 m^2
1층 면적 : 68.87 m^2
2층 면적 : 69.23 m^2

지붕마감재_ 아스팔트쉬글 / 외벽마감재_ 청고벽돌 / 포인트자재_ 리얼징크 / 실내벽마감재_ 실크벽지 / 실내바닥마감재_ 강마루 / 창호재_ 미국식 3중 시스템창호

예상 총 건축비 : 278,000,000원 (부가세 포함, 산재보험료 포함 / 설계비, 인허가비, 구조계산 설계비 별도)
설 계 비 : 6,300,000원 (부가세 포함) | 구조계산 설계비 : 6,300,000원 (부가세 포함)
인허가비 : 4,200,000원 (부가세 포함) | 인테리어 설계비 : 6,300,000원 (부가세 포함)
✔ 건축비 외 부대비용 : 대지구입비, 가구(싱크대, 신발장, 붙박이장), 기반시설 인입(수도, 전기, 가스 등), 토목공사, 조경비 등

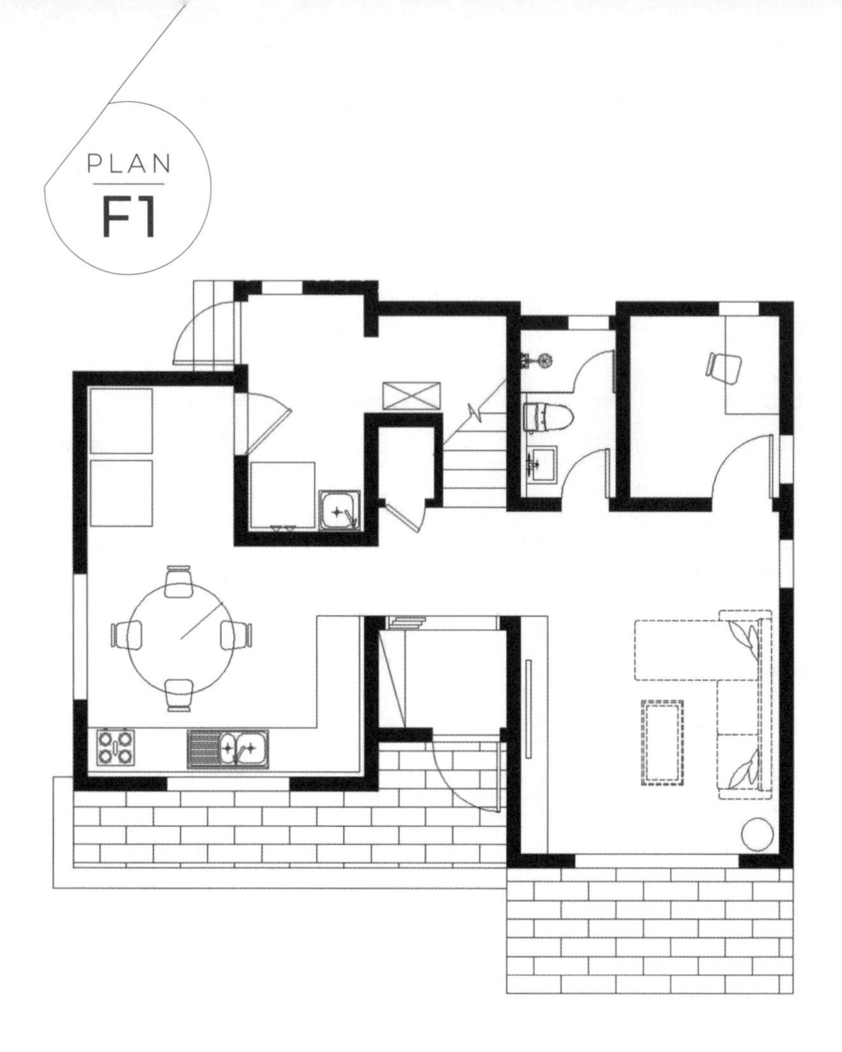

이동혁 건축가 : 청고벽돌을 직접 보신 적 있으신가요? 저에게 단 하나의 외장 포인트 자재를 선택하라고 하면 저는 가장 먼저 청고벽돌을 선택할 것 같습니다. 벽돌의 느낌과 푸른빛이 감도는 색감의 조화는 다른 어떤 자재들에서도 찾아볼 수 없는 매력을 가지고 있거든요. 오래된 느낌이 들 것 같지만 오히려 징크라는 자재와 혼합해 사용하면 도시적이고 젊은 느낌이 물씬 풍겨진답니다.

임성재 건축가 : 모던 스타일의 정석과도 같은 집이죠. 박스형 입면과 군더더기 없는 선을 디자인으로 풀어낸 집. 이 집이야말로 모던 스타일을 좋아하시는 분들께는 취향저격 주택이지 않을까 생각합니다.

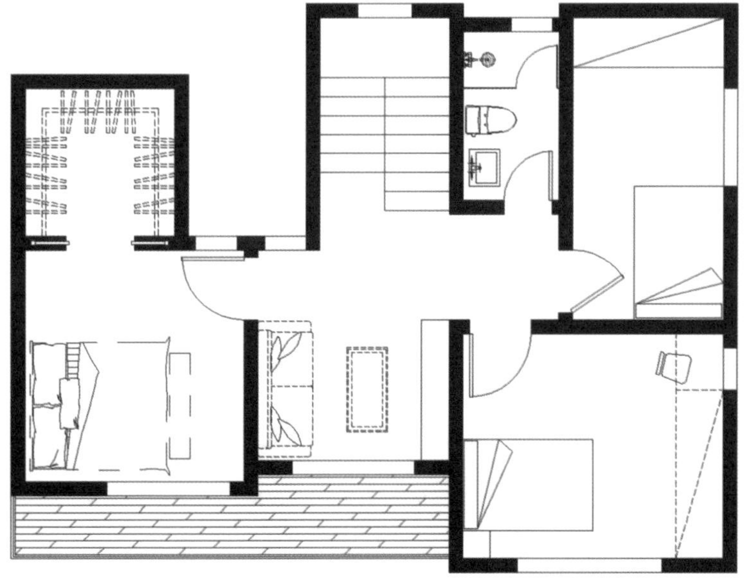

정다운 건축가 : 1층에는 서재만 있어요. 2층에 방을 모두 올려 개인 공간과 공용공간을 층간 분리시킨 주택이라 할 수 있습니다. 도심지에 어울리는 주택으로 젊은 신혼부부에게 딱 맞춘 설계안으로 구성했습니다. 거실과 주방의 사이즈는 거의 1:1 비율입니다. 주방 공간은 계속 커지고 있는 추세예요. 거기에 다용도실까지 커지고 있어 집을 설계하실 때 주방에 대한 공간 비율을 많이 남겨 놓으셔야 합니다.

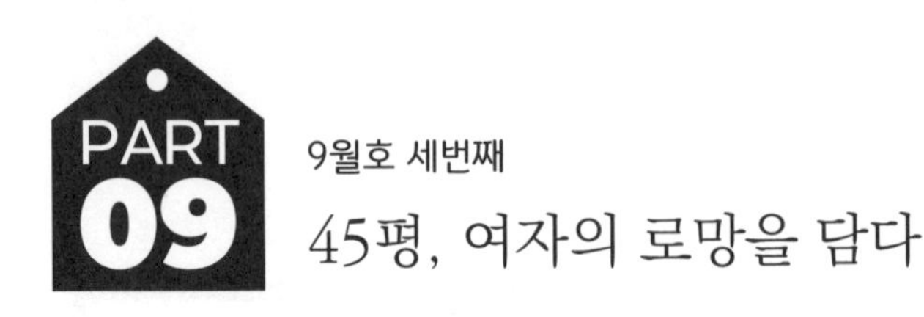

9월호 세번째

45평, 여자의 로망을 담다

STORY

도심에 짓는 단독주택.

많은 사람이 집을 짓는 것이 남자의 로망이라고만 생각하지만 절대 그렇지 않습니다. 여자들도 집을 짓는다는 것에 대한 로망이 있습니다. 획일적인 아파트가 아니라 나만의 주방 공간을 만들고 취미생활을 할 수 있는 공간과 아름다운 꽃을 키울 수 있는 프라이빗한 공간을 가진다는 것.

생각만으로도 이미 그곳에 가서 사는 듯한 느낌이 드네요.

저희가 이번 월간 홈트리오 9월호 세 번째 모델을 기획하면서 어떻게 하면 도심에 어울릴, 그리고 남자보다는 여자의 마음을 휘어잡을 수 있는 집을 지을 수 있을까? 많은 고민을 했습니다.

일생에 한 번 짓는 집인 만큼 뭔가 색다르고 유니크하며 디테일한 감성이 살아 숨 쉬는 집을 짓고 싶었습니다.

한없이 넓은 전원이 아니므로 100평 미만의 소규모 단독주택 택지에 집을 짓는다고 가정하고 좁은 마당을 극복하기 위해 옥상을 활용할 수 있는 철근콘크리트 공법을 선정했습니다.

외관 이미지를 결정하는 가장 큰 요소는 바로 외장재죠.

“어떠한 외장재가 이 집에 가장 잘 어울릴까?”

어찌 보면 입면을 만들고 외장재를 선택한 것이 아니라 외장재를 먼저 선정해 놓고 집의 외관을 디자인했다가 더 맞을 것 같습니다.

최근 청고벽돌의 매력에 흠뻑 빠져 있는데요. 도시적이면서 차갑고 은은한 푸른빛이 도는 청고벽돌을 보고 있으면 그 어떤 외장재에서 느껴보지 못한 감수성 짙은 매력을 느낄 수 있습니다.

벽돌의 효과를 최상으로 끌어내기 위해서는 입체감 있는 매스와 포인트의 협업이 중요한데요. 저희는 징크를 사선 디자인하여 시공하는 것과 창문 외부를 블랙 랩핑 하는 기법을 사용하여 디자인의 완성도를 높였습니다.

남향으로 배치된 큰 창. 그리고 단단한 느낌의 입면. 4면 어디서 보더라도 매력적인 볼륨감과 청고벽돌이 가지는 유니크함이 빛을 발하는 집.

"이 정도면 여자의 마음을 사로잡을 수 있지 않을까요?"

#철근콘크리트 #옥상 #청고벽돌 #도심형단독주택 #여자의로망

공법 : 철근콘크리트(RC)
건축면적 : 149.91 m²
1층 면적 : 81.45 m²
2층 면적 : 52.08 m²
옥상면적 : 16.38 m²

지붕마감재_ 리얼징크 + 평지붕 / 외벽마감재_ 청고벽돌 / 포인트자재_ 리얼징크 / 실내벽마감재_ 실크벽지 / 실내바닥마감재_ 강마루 / 창호재_ 미국식 3중 시스템창호

예상 총 건축비 : 292,500,000원 (부가세 포함, 산재보험료 포함 / 설계비, 인허가비, 구조계산 설계비 별도)

설 계 비 : 6,750,000원 (부가세 포함) | 구조계산 설계비 : 4,500,000원 (부가세 포함)

인허가비 : 4,500,000원 (부가세 포함) | 인테리어 설계비 : 4,500,000원 (부가세 포함)

✓ 건축비 외 부대비용 : 대지구입비, 가구(싱크대, 신발장, 붙박이장), 기반시설 인입(수도, 전기, 가스 등), 토목공사, 조경비 등

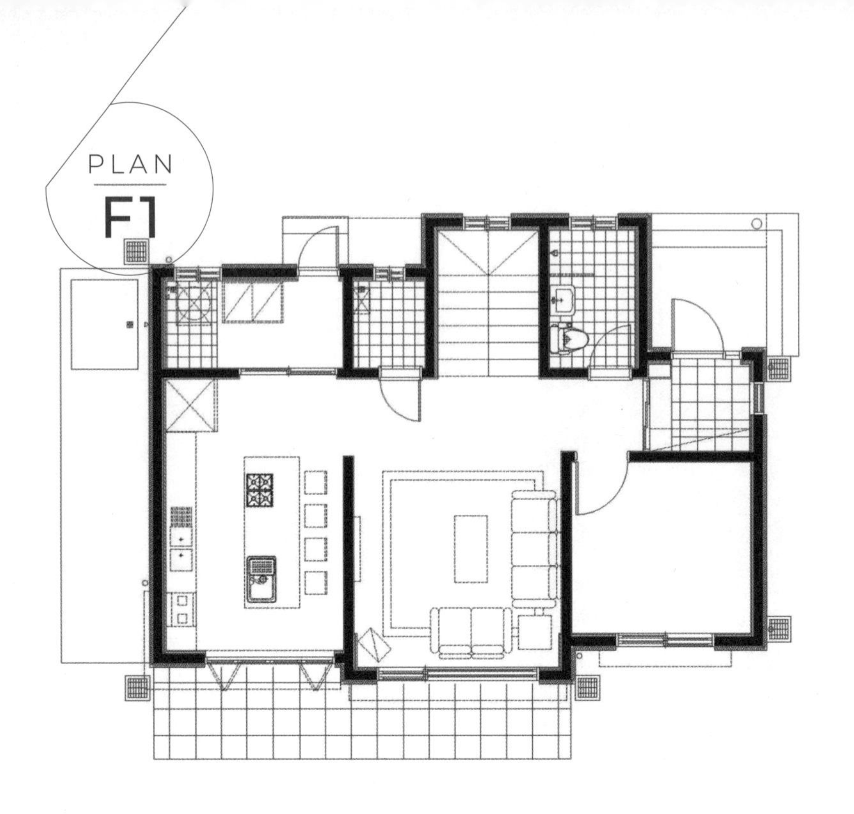
PLAN
F1

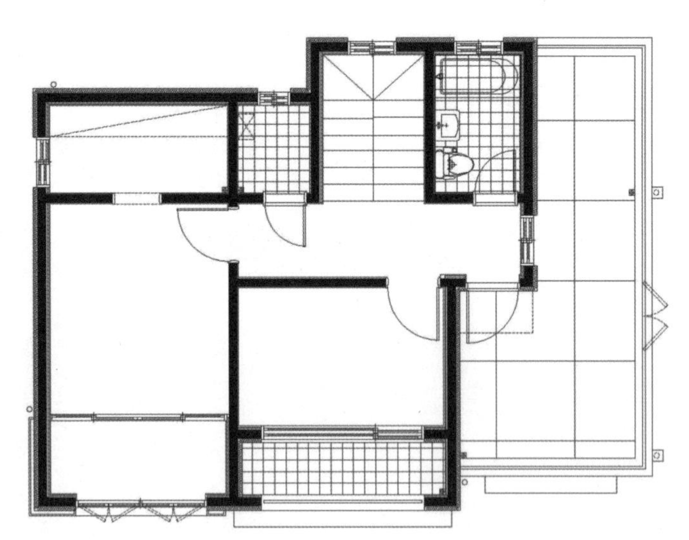

PLAN
F2

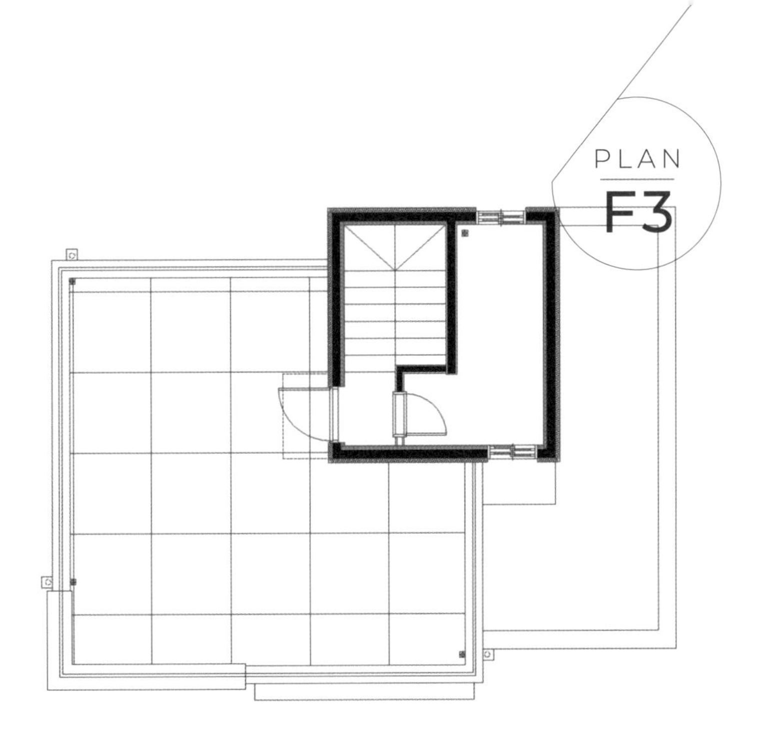

이동혁 건축가 : 철근콘크리트 공법의 장점은 역시 옥상을 활용할 수 있다는 것이죠. 방수에 취약한 목조의 경우에는 옥상 자체를 못 만들지만 그나마 철근콘크리트 공법은 좁은 도심 속 대지에서 옥상을 활용할 수 있는 방법을 제안할 수 있다는 것이 큰 장점으로 느껴집니다. 이번 모델도 도심형으로 기획된 모델로서 4인 가족이 생활하기 최적환 된 평면과 여심을 사로잡는 외관 디자인으로 남성분들보다는 여성분들의 취향을 저격할 수 있는 주택이지 않을까 생각합니다.

임성재 건축가 : 두 개의 옥상 공간을 두어 다목적으로 활용할 수 있도록 설계하였어요. 2층에서는 가벼운 티타임을 3층에서는 가족들과 바비큐 파티를. 또한 엄마가 좋아하는 화초는 2층 발코니에서 프라이빗하게 즐길 수 있도록 공간 구성했답니다.

정다운 건축가 : 주방을 거실보다 크게 구성하였습니다. 주방과 이어지는 다용도실까지의 면적을 합산한다면 거실보다 더 넓은 공간을 할애했고 여성분들이 많은 시간을 보내는 주방 공간 자체에서 요리뿐만 아니라 조용히 책을 읽을 수 있는 멋지고 조용한 공간으로 탄생시키고자 하였습니다.

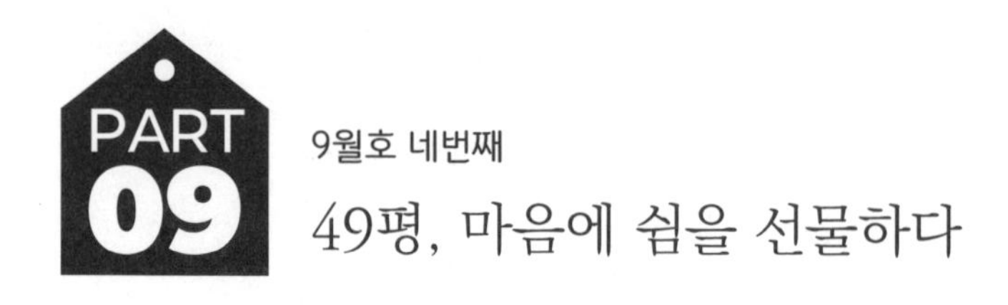

PART 09

9월호 네번째

49평, 마음에 쉼을 선물하다

STORY

집은 앞모습만 있는 것이 아니라 뒷모습도 존재하죠. 보통은 집의 정면부를 예쁘게 꾸미지만 뒷모습이 도로에서 주로 보이는 집이라면 집의 뒤태도 포기할 수 없을 것입니다.

젊은 부부가 사는 집으로 기획된 이번 주택은 전북 김제에 실제 완공된 주택으로 모던한 감각의 정면부와 입체적인 볼륨감의 배면으로 설계했습니다.

도로가 집 배치에 생각보다 많은 영향을 끼칩니다. 도로의 위치에 따라 집의 현관이 달라지고 주차장과 집의 내부 동선도 영향을 받게 됩니다. 일반적으로 현관이 집의 중심에 있을 거로 생각하지만 이는 잘못된 생각입니다. 현관은 대문과 주차장 그리고 진입하는 동선에 맞추어 배치해야 합니다.

간혹 남의 설계를 가지고 내 땅에 앉히려 하는 분들이 계시는데 위에서만 봤을 때는 예뻐 보일 수 있어도 실제로 생활해 보면 내 대지에 맞지 않는 배치로 동선이 꼬이는 경우가 많습니다.

항상 조언 드립니다. 내 땅에 맞는 그리고 내 라이프스타일에 맞는 집을 설계하고 지어야 한다고요.

모던함의 상징은 간결한 선이라고 설명해 드리고 싶어요. 단순히 외관 이미지로 구도를 잡는 것이 아니라 평면 자체에서도 모던한 느낌을 최대한 살릴 수 있게 설계해야 합니다.

매스 분절을 많이 시켜 들쑥날쑥한 설계도면에 강제로 모던한 이미지를 입히려고 하다가는 이도 저도 아닌 모습으로 완성되기도 합니다. 1만 원, 2만 원이 아닌 억 단위가 들어가는 일인 만큼 꼼꼼히 체크해서 예쁘고 내 마음에 드는 집을 짓길 바랍니다.

현관을 좌측으로 배치하면서 이 집의 동선은 자연스레 일자형 동선으로 구성되었습니다. 현관을 통해 복도에 들어오고 거실을 통해 각 실로 동선이 퍼지는, 전형적인 아파트형 구조의 묘미를 잘 흡수한 평면이라 할 수 있습니다.

이 집에서 가장 큰 장점은 전면부에 설계된 큰 창일 거로 생각해요. 휴식과 쉼을 위한 공간을 만든 만큼 밝은 햇살이 항상 집 안 곳곳에 들어오고 상쾌한 바람에 마당의 나무와 꽃의 냄새가 실려 와 항상 집에 머물 거라 생각합니다.

아파트의 인기가 점점 떨어지고 있는 것을 느낍니다. 획일적인 공간을 벗어나 나만을 위한 공간에 산다는 것. 그 자체가 이미 나에게 주는 선물이자 힐링이라고 생각해봅니다.

#휴식 #힐링 #마음편한곳 #우리집 #모던스타일

PART 09

9월호 네번째

마음에 쉼을 선물하다

공법 : 경량목구조
건축면적 : 163.17 m^2
1층 면적 : 110.75 m^2
2층 면적 : 52.42 m^2

지붕마감재_ 아스팔트쉬글 / 외벽마감재_ 스타코플렉스 / 포인트자재_ 세라믹 사이딩 / 실내벽마감재_ 실크벽지 / 실내바닥마감재_ 강마루 / 창호재_ 미국식 3중 시스템창호

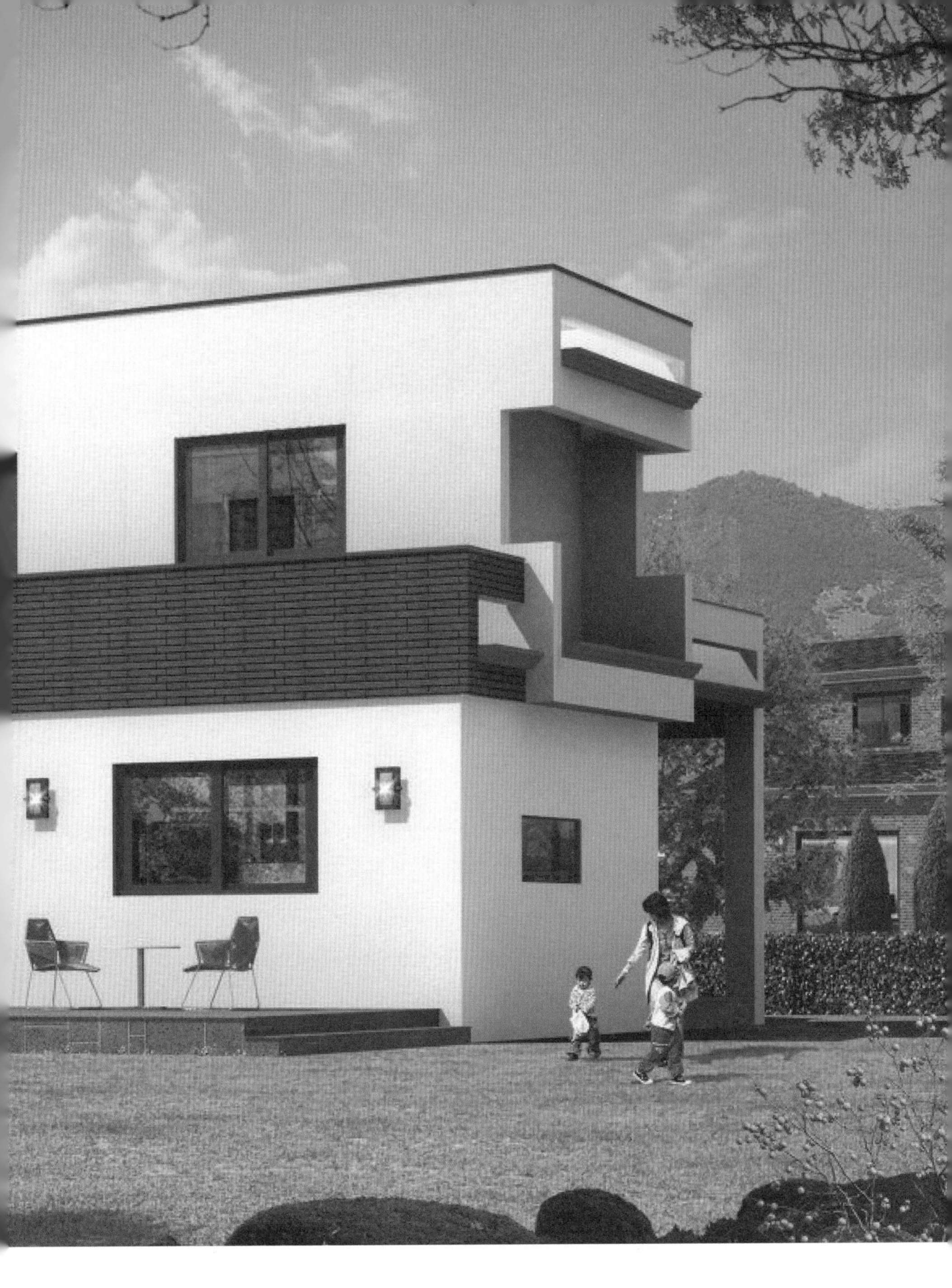

예상 총 건축비 : 283,000,000원 (부가세 포함, 산재보험료 포함 / 설계비, 인허가비, 구조계산 설계비 별도)

설 계 비 : 7,350,000원 (부가세 포함) | 구조계산 설계비 : 4,900,000원 (부가세 포함)

인허가비 : 4,900,000원 (부가세 포함) | 인테리어 설계비 : 4,900,000원 (부가세 포함)

✔ 건축비 외 부대비용 : 대지구입비, 가구(싱크대, 신발장, 붙박이장), 기반시설 인입(수도, 전기, 가스 등), 토목공사, 조경비 등

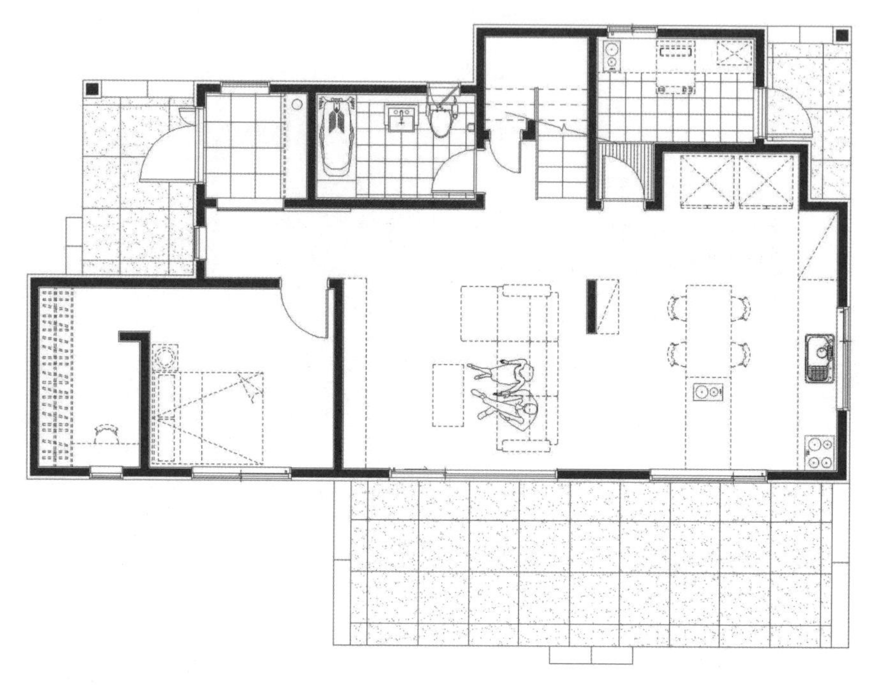

이동혁 건축가 : 현관을 통해 집에 들어오면 복도, 거실, 주방에 이르는 넓은 대공간을 만날 수 있습니다. 현관 진입을 중심이 아닌 좌측으로 만들고 거실을 통해 각 공간으로 퍼져나갈 수 있는 동선을 구성해 그동안 보아왔던 타 주택과는 다른 공간 매력을 느끼실 수 있을 것입니다.

임성재 건축가 : 현관이 꼭 앞으로 들어오리란 법은 없어요. 도로가 북쪽에 나 있는 경우에는 주차를 뒤로 하고 바로 현관으로 진입할 수 있게 동선을 만들어 주는 것이 좋거든요. 이번 주택도 그러한 대지 상황을 고려하여 현관을 배치했고 이에 따라 이어지는 동선들도 얽히지 않도록 배려해 설계하였습니다.

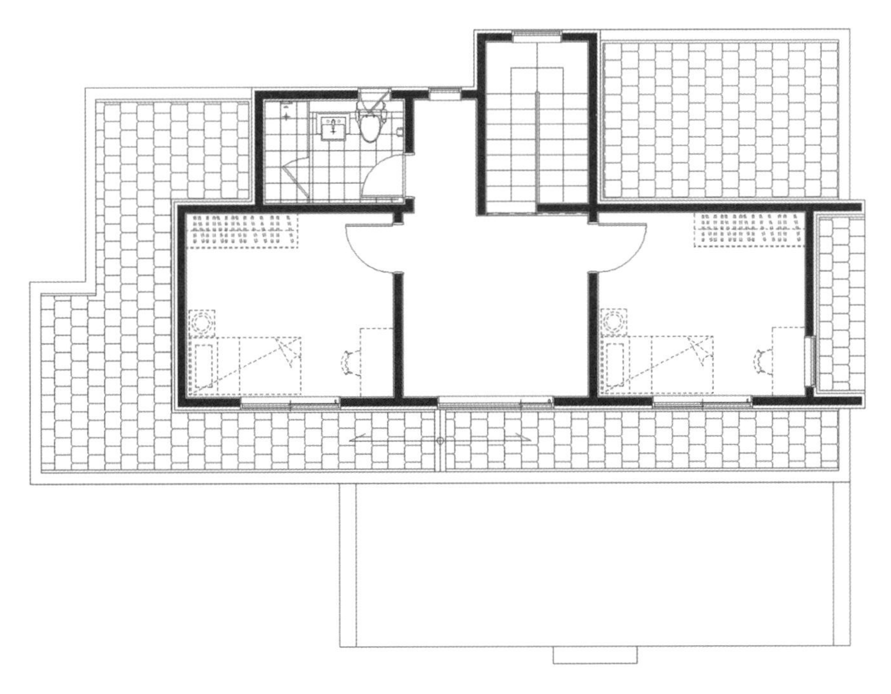

정다운 건축가 : 전면부는 모던한 느낌을 극대화시키기 위해 군더더기 없는 박스형 이미지로 디자인하였고 배면은 정면부와 다른 느낌의 입체감을 주기 위해 매스 분절을 활용해 입체적이고 볼륨감 있는 외형을 탄생시켰습니다. 정면과 배면의 이미지는 마치 두 얼굴의 사람처럼 다른 매력이 공존한다는 느낌을 받을 수 있을 것입니다.

행복한 집을 선물해주세요

행복이란 단어.

우리 곁에 가까이 있지만

쉽게 내 마음속에 자리하기 힘든 단어죠.

그 행복을 집이라는 공간에 담아낼 수 있다면

하루하루가 행복한 순간이 되겠죠?

퇴근 후 지친 몸을 이끌고 집에 들어갔을 때,

남자 친구와 싸우고 집에 들어갔을 때,

시험을 망쳐서 우울한 상태에서 집에 들어갔을 때

이 모든 순간, 아무 말 없이 날 안아 줄 수 있는 곳.

행복할 때나 슬플 때나 항상 나를 쓰다듬어 주는 집.

"여러분도 나만을 위한 행복한 집을 꼭 가져보시길 바랍니다."

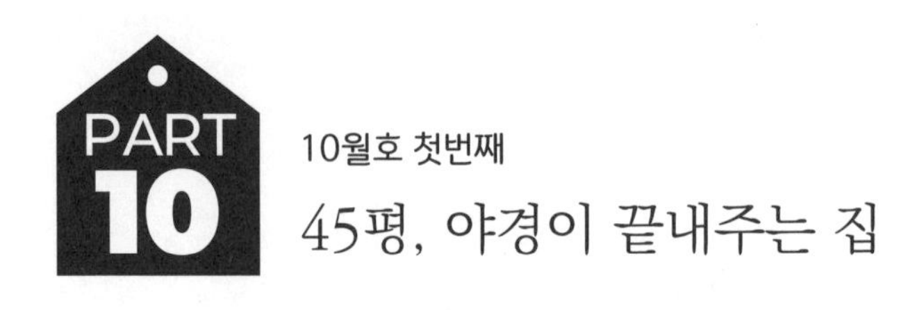

10월호 첫번째

45평, 야경이 끝내주는 집

STORY

"전원주택을 짓고 집을 바라볼 때 가장 예쁘게 보이는 시간대가 언제인 줄 아세요?"

제 개인적인 생각에는 해가 서서히 지면서 집의 조명이 켜지는 바로 그 순간인 것 같습니다. 물론 해가 떠 있는 낮 시간도 주변 환경과 마당의 조경이 어우러지면서 집의 정말 멋진 모습이 드러나지만 해가 질 때 어둑해지는 주변과 반대로 밝아지는 내 집을 바라보고 있으면 또 다른 집의 모습을 느낄 수 있을 것입니다.

가족들이 다 모이는 시간은 오히려 아침보다는 일을 마치고 집에 들어와 저녁을 먹는 바로 그 시간대일 것입니다. 가장 활기찬 시간, 가족들과 하루의 이야기를 하며 웃음꽃을 피우는 바로 그 시간.
그 시간의 소중함을 너무나도 잘 알기에 도심의 편리함을 버리고 전원생활을 하려는 것인지도 모르겠습니다.

어떤 분이 저에게 그러더라고요.
"서울에 살 때는 다들 바쁘게 움직여야 하는 줄 알고 쉬지 않았었지. 그런데 전원생활을 시작해 보니 삶의 리듬이 느려지는 거야. 그러면서 내 생활 그리고 가족들과의 시간을 자연스럽게 가지게 되었지."

이 말에 참 많이 동감해요. 도심에 살다 보면 어느 순간 쉬지 않고 빠르게 걸어가고 있는 나를 발견하게 될 거예요. 모임도 많고 인맥 관리도 해야 하니 정말 쉬지 않고, 가족들 간에도 얼굴 보기 힘든 시간이 다가오죠. 전원생활이 꿈이 된 그 이면에는 바로 이러한 바쁜 도심 속 생활의 아쉬움이 깔려 있을 거예요.

"여러분들의 생활은 어떠신가요?"

바쁘게 달려가는 것도 좋지만 한적한 전원에서 가족들과 웃음꽃이 피는 저녁을 같이한다는 것. 짧은 시간일 수도 있지만, 그 시간을 가져보는 것은 어떨지 이번 주택을 통해 조심스레 제안해봅니다.

#모던스타일 #야경 #40평형전원주택 #가성비갑 #넓은발코니

10월호 첫번째

야경이 끝내주는 집

공법 : 경량목구조
건축면적 : 148.19 m^2
1층 면적 : 82.80 m^2
2층 면적 : 65.39 m^2

지붕마감재_ 아스팔트슁글 / 외벽마감재_ 스타코플렉스 / 포인트자재_ 파벽돌, 세라믹사이딩, 루나우드 / 실내벽마감재_ 실크벽지 / 실내바닥마감재_ 강마루 / 창호재_ 미국식 3중 시스템창호

예상 총 건축비 : 234,000,000원 (부가세 포함, 산재보험료 포함 / 설계비, 인허가비, 구조계산 설계비 별도)

설 계 비 : 6,750,000원 (부가세 포함) | 구조계산 설계비 : 4,500,000원 (부가세 포함)

인허가비 : 4,500,000원 (부가세 포함) | 인테리어 설계비 : 4,500,000원 (부가세 포함)

✔ 건축비 외 부대비용 : 대지구입비, 가구(싱크대, 신발장, 붙박이장), 기반시설 인입(수도, 전기, 가스 등), 토목공사, 조경비 등

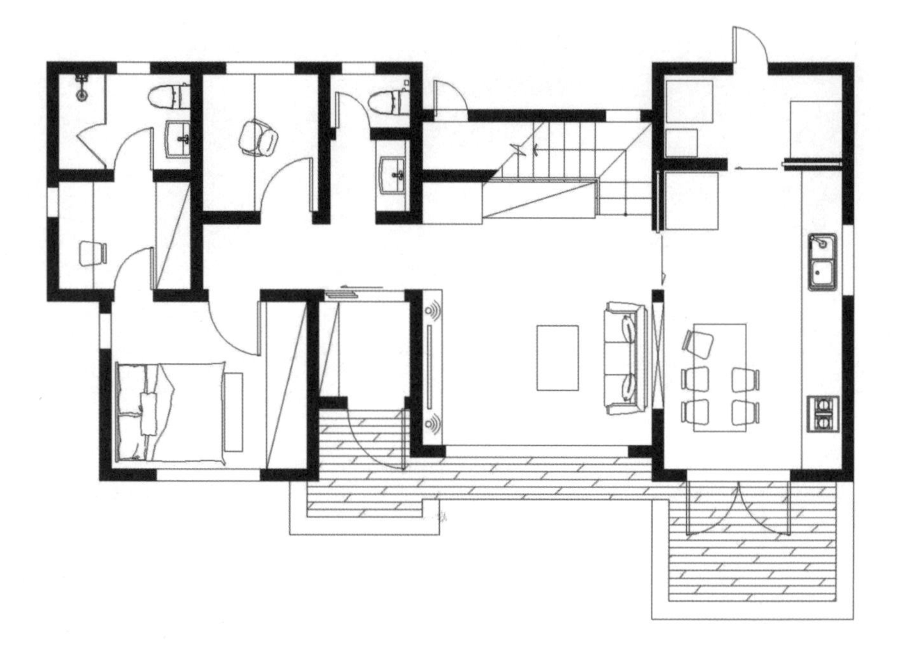

이동혁 건축가 : 가장 기본형의 주택 스펙을 가지고 가면서 가성비 높은 집을 완성시킨다는 것이 목표였습니다. 가장 유지관리적인 측면을 강화할 수 있는 디자인의 주택을 만들어 냈으며, 전원생활을 시작하는 4인 가족에게 최고의 주택 설계안이지 않을까 생각합니다.

임성재 건축가 : 발코니에 지붕을 안 덮으시려고 하시는 분들이 계신데 큰일 납니다. 목조의 경우 제1순위 체크 요소는 방수입니다. 최대한 지붕을 다 덮어야 하고 옥상처럼 누수의 위험이 있는 부분은 만들면 안 된답니다.

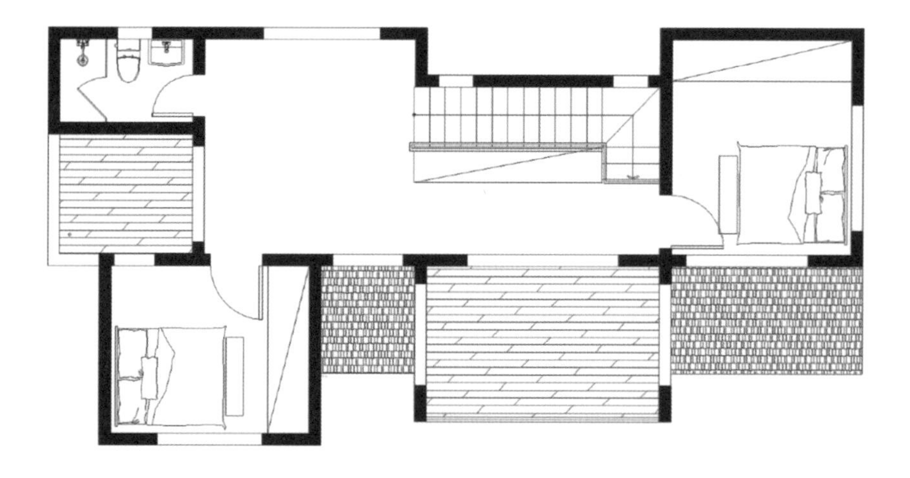

정다운 건축가 : 주방이 가장 매력적인 부분이에요. 겨울에는 내부에서 눈 내리는 풍경을 보면서 식사를 하고, 따뜻한 봄이 오면 주방에서 요리를 해 외부 데크에서 가든파티를 언제든지 즐길 수 있답니다.

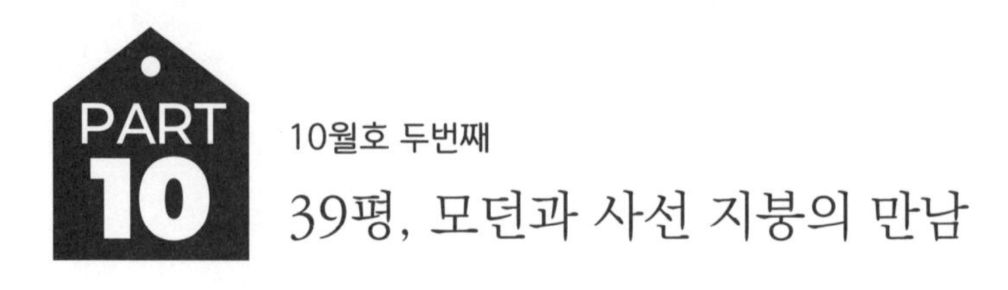

PART 10

10월호 두번째

39평, 모던과 사선 지붕의 만남

STORY

우리나라는 장마 시즌이 존재하죠.

다시 말하면 비가 오는 날은 분명히 있다는 것입니다.

“홈트리오는 집 지을 때 어떤 것을 가장 중요하게 생각하세요?”

상담 오신 어느 한 분의 질문에 저는 단 1초도 망설임 없이 방수라고 답변드렸습니다. 집을 지을 때 중요하지 않은 부분은 단 하나도 없습니다. 어느 것도 무시할 수 없는 부분이지만 그중에서도 가장 중요한 부분은 바로 방수입니다.

다시 말해 비가 절대로 새서는 안 된다는 것을 뜻합니다.

인테리어나 내부적인 부분은 조금 하자가 생겨도 충분히 보완 가능합니다. 하지만 누수와 관련된 부분은 집의 골조까지 다 뜯어야 하는 문제이기 때문에 처음 시공할 때 꼼꼼히 해야 합니다. 대충하고 나중에 보완하는 것은 거의 불가능에 가깝기 때문입니다.

집을 지은 후 비 안 새고 따뜻하면 80%는 집 잘 지었다는 말이 나옵니다. 대부분 이 기본적인 조건을 만족하지 못하기 때문에 집을 잘 못 지었다고 이야기하는 것입니다.

예뻐 보이기 위해서, 또는 옥상을 활용하기 위해서 지붕 없는 면적을 만드시는 분이 계시는데, 저희는 확실하게 말씀드릴 수 있습니다.

"언젠가는 비 새는 것 때문에 골치 아프실 거예요."

건설회사에서 보증하는 AS 기간은 2년입니다. 그 이후에는 유상으로 AS가 진행됩니다. 어느 건설업체든지 이 조건은 똑같습니다. 집을 짓는다는 것은 추후 손이 덜 가게, 다시 말하면 유지보수가 편하고 문제가 안 생기는 것이 최고입니다.

집은 방수와 단열. 이 두 가지가 핵심이라는 것을 명심하세요.

박공지붕이나 지붕 면이 드러나는 디자인은 촌스럽다고 생각하시는데 아마 그것은 그동안 봐왔던 시골 스타일의 집들 때문일 거예요. 하지만 지붕이야말로 디자인하기 딱 좋은 부분이랍니다.

이번 모델처럼 외쪽지붕의 경사면 방향만 달리해도 전혀 다른 느낌의 외관이 되며, 모던 스타일의 군더더기 없는 집을 탄생시킬 수 있습니다. 외부 마감재를 선택할 때 저희는 최대한 비우고 덜어내려고 고민합니다. 비싼 외장재를 붙인다고 해서 집이 고급이 되는 것이 아님을 너무 잘 알기 때문입니다.

비워낸 후 그 비워진 부분에 조금의 포인트를 넣어야 포인트 부분이 빛나는 것이지 포인트로 전 집을 디자인 한다면 그것을 더는 포인트라 부를 수 없게 됩니다.

과하기보다는 덜어내는 집으로 간결하게.

이번 월간 홈트리오 모델은 이런 조건으로 탄생된 집이랍니다

#모던스타일 #사선지붕 #유니크함 #다락방 #청순함

PART 10

10월호 두번째

모던과 사선 지붕의 만남

공법 : 경량목구조
건축면적 : 127.31 m²
1층 면적 : 80.70 m²
2층 면적 : 46.61 m²

지붕마감재_ 리얼징크 / 외벽마감재_ 스타코플렉스 / 포인트자재_ 파벽돌, 루나우드 / 실내벽마감재_ 실크벽지 / 실내바닥마감재_ 강마루 / 창호재_ 미국식 3중 시스템창호

예상 총 건축비 : 215,400,000원 (부가세 포함, 산재보험료 포함 / 설계비, 인허가비, 구조계산 설계비 별도)
설 계 비 : 5,850,000원 (부가세 포함) | 구조계산 설계비 : 3,900,000원 (부가세 포함)
인허가비 : 3,900,000원 (부가세 포함) | 인테리어 설계비 : 3,900,000원 (부가세 포함)

✓ 건축비 외 부대비용 : 대지구입비, 가구(싱크대, 신발장, 붙박이장), 기반시설 인입(수도, 전기, 가스 등), 토목공사, 조경비 등

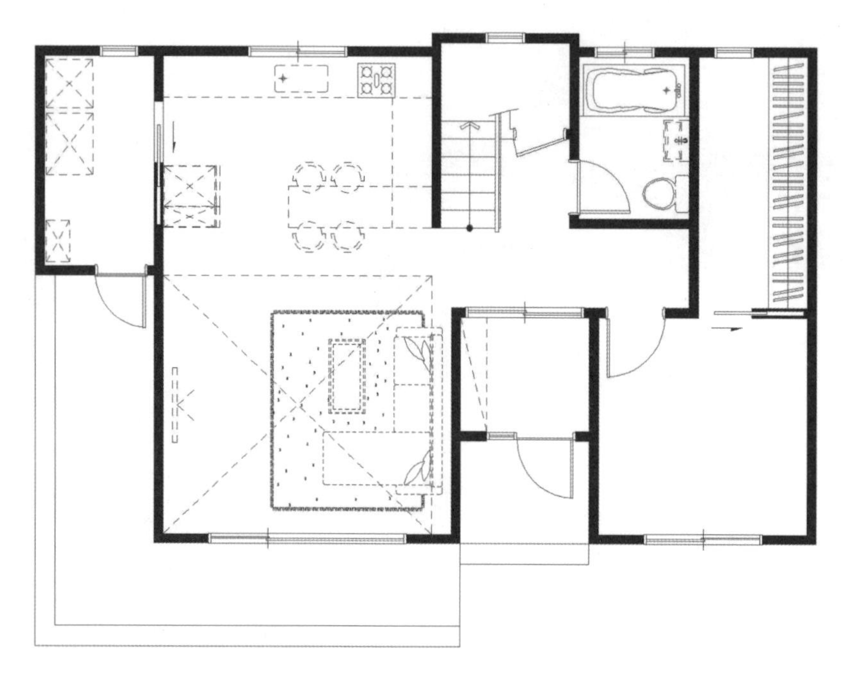

이동혁 건축가 : 30평형대에서 집이 넓게 보이게 하는 방법 중 최고는 거실과 주방을 하나의 공간으로 합치는 거예요. 구분을 해서 나누어도 되지만 시각적으로 막히게 되면 같은 면적이라도 좁아 보일 수 있거든요. 기억하세요. 현관을 들어왔을 때 넓은 개방감을 느끼고 싶다면 거실과 주방을 하나의 공간으로 만들어 오픈하고, 더 넓게 보이고 싶다면 거실 부분만 오픈 천장을 적용해 공간을 확보하는 것이 좋다는 것을요.

임성재 건축가 : 지붕의 경사도는 필수입니다. 지붕의 경사도 때문에 모던함이 사라진다고 생각들 하시지만 이번 모델을 보시면 지붕 디자인만으로도 충분히 유니크한

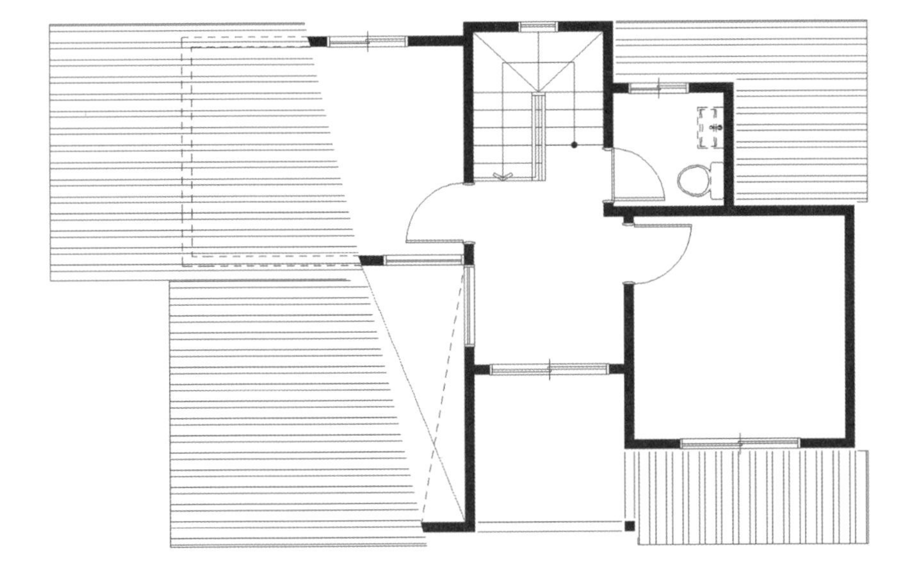

집 외관을 만들어 낼 수 있다는 것을 확인하실 수 있을 것입니다.

정다운 건축가 : 콤팩트 한 평면구성을 했다고 할 수 있습니다. 30평형대의 주택에서 데드 스페이스 없이 구성한 평면이라고 볼 수 있습니다. 저희가 설계할 때 가장 주안점으로 두는 것이 외관이 촌스럽지 않을 것. 가격 대비 가성비와 가심비를 느끼게 할 수 있을 것. 마지막으로 낭비되는 공간을 없애 건축비를 다운시켜 드리는 것입니다.

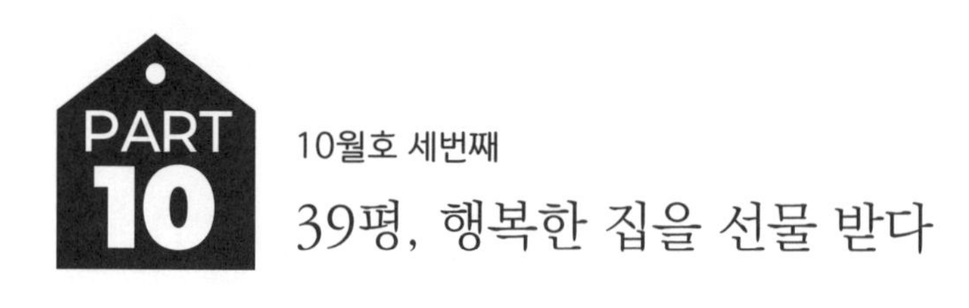

PART 10

10월호 세번째

39평, 행복한 집을 선물 받다

STORY

"건축가님, 용인에 있는 아파트를 팔고 집을 짓고 싶은데 2억 초반대로 집을 지을 수 있나요?"

경기도권 아파트 시세가 30평형 기준, 평균 3억 중반대를 기록하고 있으니 상담 전화를 하신 건축주님께서는 1억 중반대로 땅을 마련하시고 2억 원 초반대로 집을 지어 입주하실 계획을 잡고 계신 것 같았습니다.

솔직히 욕심만 버린다면 얼마든지 2억 원 안쪽으로, 그리고 1억 원 후반의 금액으로도 집을 완공할 수 있습니다. 여기서 이야기하는 금액은 순수한 건축비이며, 부가세가 포함된 금액입니다.

문제는 정해진 예산 안에서 인터넷을 뒤져 나온 좋다는 옵션들은 다 넣으려 하니 거기서부터 문제가 발생한답니다. 분명 처음에는 그냥 작고 춥지 않은 집 정도를 생각했다가 하나하나 더하다 보니 저것도 있어야 하고, 이것도 있어야 하고...

나중에는 답도 없는 상황이 발생하죠. 여러분들은 안 그럴 것 같죠?

아니요. 분명히 어느 순간 시장가보다 저렴하게 집을 지을 수 있다는 업자들을 찾아 헤매실 거예요.

결국에는 이 모든 것이 '욕심'이라는 단어로 정리될 수 있어요.

'행복'

행복하게 집을 짓고 좋은 추억만을 남기면서 집을 안전하게 완공시킬 수 있다는 것. 이 조건이 집을 지을 때 가장 중요한 요소 중의 하나라고 할 수 있어요. 무리해서 욕심부리지 마세요. 그리고 위험을 감수하지 마세요. 충분히 안전한 방법은 많습니다. 욕심만 조금 버리면 됩니다.

월간 홈트리오 10월호 3번째 모델을 이야기하기도 전에 너무 많은 이야기를 해 버렸네요. 하지만 꼭 명심하시고 가셔야 할 문제이므로 기억하고 계셔야 합니다. 월간 홈트리오 10월호에 발표된 모든 주택의 방향성은 지붕에 있습니다. 단조롭게도 디자인해 보고, 입체적으로 디자인해 보기도 하면서 지붕이 가지는 디자인적 요소를 집에 다양하게 적용해보고자 했습니다.

집의 외관은 솔직히 밀접한 관련이 있습니다. 단순한 미를 추구하시는 분이 계신가 하면, 정말 어지러울 정도로 꺾고 뒤집고 다양하게 접목하는 분도 계십니다. 정답은 없답니다. 정말 집은 100% 취향이기 때문에 원하시는 대로 맞춰 설계하시면 된답니다.

다만, 비는 안 새야겠죠. 그리고 구조적으로도 문제가 없어야겠죠. 이러한 문제는 저희가 모두 체크하면서 진행하니 너무 앞서서 고민과 걱정을 하실 필요 없으세요.

항상 좋은 기억만 가득 안고 집을 지을 수 있는 것. 그리고 그 행복한 기억을 안고 입주하는 것.

그것이 정말 행복한 집의 기본 조건일 거라 생각합니다.

#행복 #전원생활시작 #박공지붕 #모던스타일 #4인가족

10월호 세번째

행복한 집을 선물 받다

공법 : 경량목구조
건축면적 : 128.30 m^2
1층 면적 : 97.52 m^2
2층 면적 : 30.78 m^2

지붕마감재_ 리얼징크 / 외벽마감재_ 스타코플렉스 / 포인트자재_ 파벽돌, 루나우드 / 실내벽마감재_ 실크벽지 / 실내바닥마감재_ 강마루 / 창호재_ 미국식 3중 시스템창호

예상 총 건축비 : 223,000,000원 (부가세 포함, 산재보험료 포함 / 설계비, 인허가비, 구조계산 설계비 별도)
설 계 비 : 5,850,000원 (부가세 포함) | 구조계산 설계비 : 3,900,000원 (부가세 포함)
인허가비 : 3,900,000원 (부가세 포함) | 인테리어 설계비 : 3,900,000원 (부가세 포함)

✓ 건축비 외 부대비용 : 대지구입비, 가구(싱크대, 신발장, 붙박이장), 기반시설 인입(수도, 전기, 가스 등), 토목공사, 조경비 등

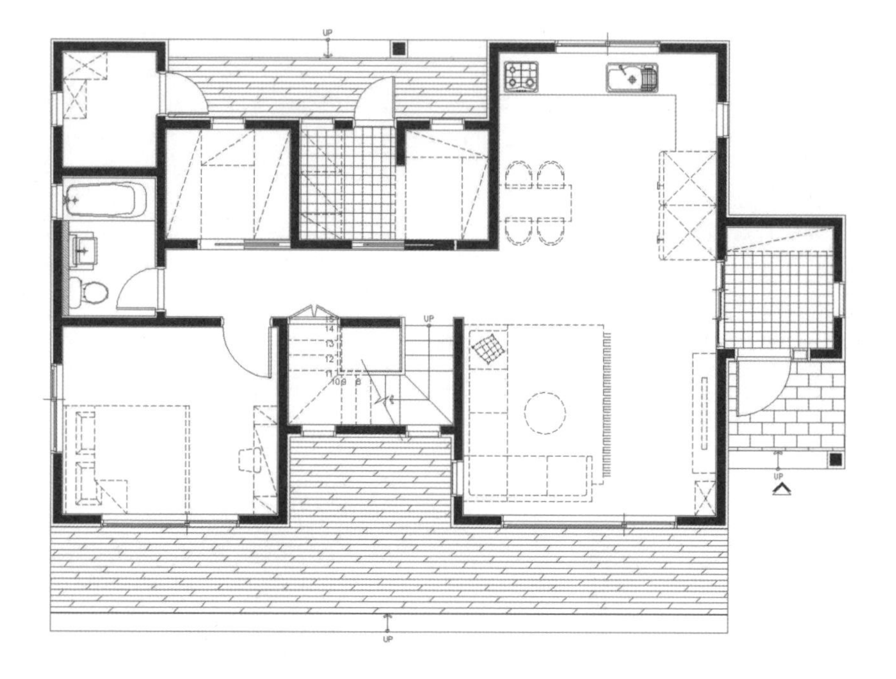

이동혁 건축가 : 박공지붕을 저는 사랑해요. 가장 안정감 있으면서 깔끔한 느낌이 드는, 어찌 보면 가장 이상적인 지붕의 형태라고 설명드리고 싶네요. 너무 단조로움이 싫다면 이번 주택 모델처럼 2단으로 분리하고 층별로 디자인해준다면 촌스러움이 아닌 고급스러움으로 탄생시킬 수 있답니다.

임성재 건축가 : 디자인은 깨끗하게 골조는 튼튼하게, 그리고 가격은 가성비 높게. 이 집의 키워드는 이 세 가지일 거라 생각합니다. 과하지 않고 젊은 느낌이 드는 집. 설계 때 고생한 만큼 예쁜 집으로 탄생해 뿌듯함을 느낍니다.

정다운 건축가 : 최근 지붕에 리얼징크를 많이 적용하고 있어요. 가격이 높다는 단점은 있지만 지붕 자체를 완전히 깜 싸 누수에 위험성을 현저히 떨어뜨린다는 장점이 있습니다. 또한 젊은 느낌의 시크함이 느껴진다는 것은 징크만이 가진 장점이라 할 수 있겠죠.

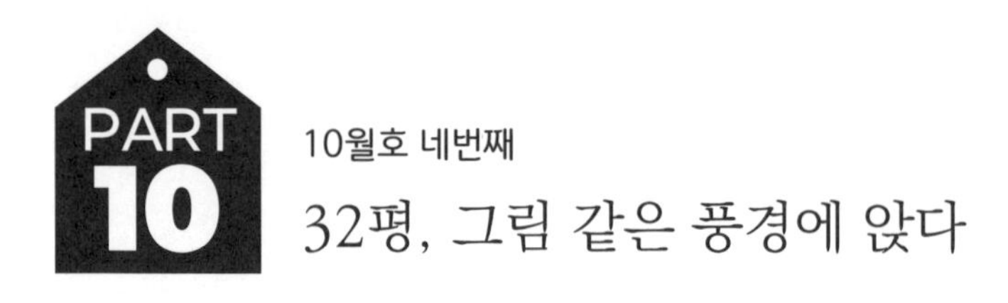

10월호 네번째

32평, 그림 같은 풍경에 앉다

STORY

그냥 보아도 그림 같은 집. 그런 집을 짓고 싶어요.
보고만 있어도 흐뭇해지는 그런 집.
어떻게 지어야 할까요?

이번 월간 홈트리오 10월호 네 번째 모델을 설계하면서 참 많은 생각을 했습니다.

"과연 어떠한 느낌의 집을 지어서 보여드려야 마음에 들어 하실까?"

"건축비는 분명히 한계가 있으니 과하게 디자인하기보다는 적정선에서 최대한 이국적인 이미지를 낼 수 있게 해야겠다."

그림 같은 풍경에 정말 그림처럼 자리 잡은 집. 창문을 통해 따뜻한 집 안 풍경이 보이고 명절에 손주들이 놀러 와 마음껏 뛰놀면서 눈치 보지 않아도 되는 그런 집.

이번 10월호에서는 그런 방향으로 하나씩 설계를 진행했습니다.

한국과 외국 집들의 가장 큰 차이점을 들면 지붕의 모양일 거예요. 나라마다 기후가 다르므로 자연스레 그 나라에 맞는 지붕으로 시공되었습니다.

그래서 이번 모델을 기획할 때 한국형보다는 북유럽형을 먼저 떠올렸고 주황빛 기와가 고즈넉하게 내려앉은 이미지를 구현하고자 했습니다.

면적은 30평대로 고민하고 있었기 때문에 단층으로 구성했고 그 대신 거실 부분의 천장고를 높여주는 기법을 사용해 단층이지만 좁지 않고 넓어 보이는 효과를 얻을 수 있게 했습니다.

또한, 외부에서 주는 이미지에서 지붕고를 45도 정도 들어 올렸습니다. 한국의 지붕들은 30도 미만의 경사각이 많은데요. 지붕 고를 들어 올리는 이 기법 하나만으로도 완전히 다른 느낌의 집을 만날 수 있습니다.

단층 그리고 2억 초반대의 가성비 높은 건축비로 완성된 월간 홈트리오 10월호 네 번째 모델.

"여러분들도 그림 같은 대지 위에 한 번 지어보시는 것은 어떨지요?"

#단층집 #북유럽전원주택 #아름다움 #풍경 #예쁨주의

공법 : 경량목구조
건축면적 : 106.79 m²
1층 면적 : 106.79 m²
2층 면적 : 00.00 m²

지붕마감재_ 스페니쉬기와 / 외벽마감재_ 스타코플렉스 / 포인트자재_ 파벽돌, 루나우드 / 실내벽마감재_ 실크벽지 / 실내바닥마감재_ 강마루 / 창호재_ 미국식 3중 시스템창호

예상 총 건축비 : 221,500,000원 (부가세 포함, 산재보험료 포함 / 설계비, 인허가비, 구조계산 설계비 별도)

설 계 비 : 5,550,000원 (부가세 포함) | 구조계산 설계비 : 3,200,000원 (부가세 포함)

인허가비 : 3,200,000원 (부가세 포함) | 인테리어 설계비 : 3,200,000원 (부가세 포함)

✔ 건축비 외 부대비용 : 대지구입비, 가구(싱크대, 신발장, 붙박이장), 기반시설 인입(수도, 전기, 가스 등), 토목공사, 조경비 등

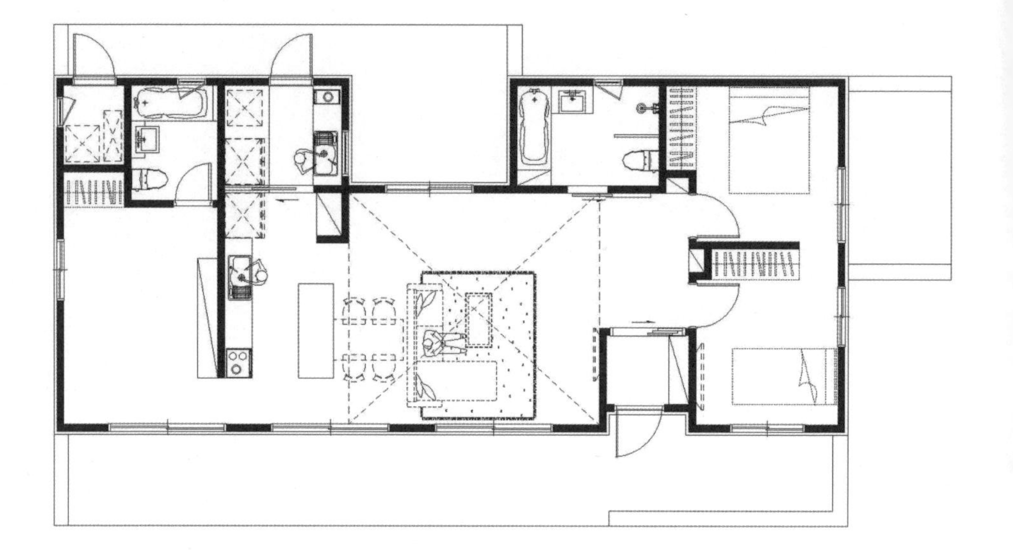

이동혁 건축가 : 단층 30평형은 어찌 보면 가장 이상적인 전원주택 공간이라 생각합니다. 금액적으로 무리되지도 않으면서 낭비되는 공간 없이 알차게 모든 공간을 사용할 수 있어, 노후에 전원생활을 도전하시는 분들께는 가장 적합한 평형 대이지 않을까 생각합니다.

임성재 건축가 : 명절에 자녀들이 놀러 오면 조용했던 집안이 북적북적거리죠. 특히 제사를 지내야 하는 집이라면 더욱 복잡하게 변할 것입니다. 그중에서도 특히 주방 공간이 가장 애매하게 변하는데요. 혼선을 방지하기 위해 평소에는 두 분이서 생활하기 충분하지만 낭비되는 공간 없이 작은 비율로 정해놓고 사람이

많아지고 복잡해졌을 때에는 포켓도어를 열어 다용도실까지 연결시켜 넓은 주방 공간으로 사용할 수 있게 설계하였습니다.

정다운 건축가 : 나이가 들면서 서로의 체온이 달라져 같은 이불을 덮고 자기 어렵다고 하시는 분들이 많습니다. 이번 주택에서는 한 공간을 가벽으로 나누어 각 침대에서 편히 주무실 수 있도록 하되, 공간은 열어두어 서로의 안부를 쉽게 주고받을 수 있도록 공간을 만들었습니다. 오픈된 공간은 추후 막아서 각 방으로 사용할 수 있어 활용적인 면에서도 높게 평가받을 수 있습니다.

따뜻한 유자차 한 잔 마시고 가세요

본격적인 겨울의 시작이 다가왔어요.

첫눈이 내리고 두툼한 겨울 패딩을 꺼내 입었어요.

밖에서 일하느라 정말 추웠는데

따뜻한 유자차 한 잔 마시니 몸이 녹는 것 같네요.

포근한 집에서 마시는 따뜻한 유자차 한 잔.

"여러분도 한 잔 마시고 가세요"

11월호 첫번째

58평, 청고벽돌의 매력을 입다

STORY

"음, 벌써 11월이 되었네. 우리 이번 11월에는 어떤 주제로 월간 홈트리오를 기획하면 좋을까요?"

저희 셋이 매달 새로운 전원주택 트렌드를 발표하면서 흰머리가 정말 많이 늘어났답니다. 보통 한 달에 1개의 설계안을 발표하는 것만으로도 엄청 고된 작업인데 평균 3개의 기획안을 매달 발표했으니 거의 쉬지 않고 매주 설계안을 발표한 셈이 되더라고요.

여러분들께만 말씀드리지만, 솔직히 중간에 포기할 뻔했습니다. 평일에는 건축주님 주택을 작업하며 현장을 뛰어다녔고, 주말에 나와 저희 셋이 날밤 새우며 작업을 진행해 기획안을 만들어 냈었거든요.

처음은 젊은 패기로 도전했지만, 특히 올여름 너무 더운 날씨에 저희 셋이 KO 되면서 잠시 발표를 천천히 하게 되는 웃지 못할 일도 있었네요.

그동안 구독자 여러분의 응원과 격려가 많은 도움이 되어 월간 홈트리오가 11월호까지 올 수 있었습니다. 2019년 2월 17일 자로 총 구독자가 1300만 명을 넘어섰습니다. 정말 엄청나게 많은 분께서 글을 읽어주셨습니다. 그 힘으로 지금까지 올 수 있었으며, 2018년도에 이어 2019년도에도 월간 홈트리오를 이어나갈 수 있게 되었습니다.

감사한 마음을 담아 이번 월간 홈트리오 11월호로는 저희에게 정말 많은 문의를 하셨던 항목 중 청고벽돌과 모던 스타일을 선정하여 기획을 진행했습니다.

푸른빛이 은은하게 감도는 청고 벽돌은 젊은 층뿐만 아니라 고즈넉함을 좋아하시는 전 연령층에서 지속적인 사용 요청이 있었는데요. 일단 싸지 않다는 문제 때문에 그동안 기획을 꺼려왔었는데 감사의 의미를 담아 과감하게 청고 벽돌과 모던 스타일, 그리고 4인 가족이라는 테마로 주택을 탄생시켰습니다.

모던하면 일단 박스형이죠. 하지만 단순한 박스형은 창고처럼 보일 수 있어 입체감을 넣어주는 것부터 입면 작업을 시작했습니다. 작아 보이지 않도록 웅장한 느낌을 가미하고 평면도 오밀조밀하게 나누기보다는 개방감 있고 가시적으로 넓어 보일 수 있도록 설계했습니다.

청고 벽돌에 모던 스타일을 추구하고 거기에 징크와 블랙의 창호를 사용하여 마치 트랜스포머에 나오는 갑옷 입은 로봇의 인상을 주는 전원주택으로 완성했습니다.

시골에 짓는다고 하여 촌스럽게 지을 거로 생각하셨나요?

천만의 말씀. 세련되고 트렌디하고. 마지막으로 젊은 감각 뿜 뿜.

#청고벽돌 #모던하우스 #웅장함 #오픈천장 #넓은주방이매력

11월호 첫번째

청고벽돌의 매력을 입다

공법 : 경량목구조
건축면적 : 192.58 m²
1층 면적 : 101.69 m²
2층 면적 : 90.89 m²

지붕마감재_ 리얼징크 / 외벽마감재_ 청고벽돌 / 포인트자재_ 리얼징크 / 실내벽마감재_ 실크벽지 / 실내바닥마감재_ 강마루 / 창호재_ 미국식 3중 시스템창호

예상 총 건축비 : 388,000,000원 (부가세 포함, 산재보험료 포함 / 설계비, 인허가비, 구조계산 설계비 별도)
설 계 비 : 8,700,000원 (부가세 포함) | 구조계산 설계비 : 5,800,000원 (부가세 포함)
인허가비 : 5,800,000원 (부가세 포함) | 인테리어 설계비 : 5,800,000원 (부가세 포함)
✔ 건축비 외 부대비용 : 대지구입비, 가구(싱크대, 신발장, 붙박이장), 기반시설 인입(수도, 전기, 가스 등), 토목공사, 조경비 등

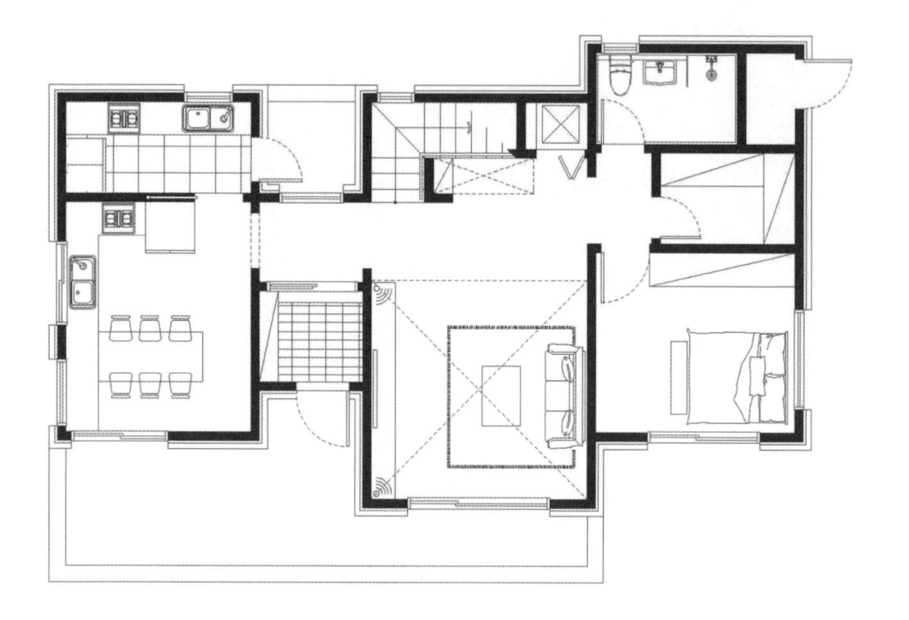

이동혁 건축가 : 넉넉한 느낌의 4인 가족 주택을 설계하였습니다. 평형대가 넓어진다고 하여 방이 무조건 많아지는 것은 아닙니다. 방의 사이즈도 거의 정해져 있기 때문에 40평 이상 평수에서는 공용공간 부분이 더 생긴다거나 확장되는 개념으로 이해하시면 됩니다. 방 3개에 별도의 다용도실. 그리고 넓은 거실을 원하신다면 최소한 45평 이상의 공간으로 설계하시는 것을 추천드립니다.

임성재 건축가 : 주방에서 요리를 한 후 바로 야외로 나갈 수 있는 동선 구성은 전원주택에 있어서는 거의 필수적인 요소 중의 하나라고 생각합니다. 전원주택을 단순히 집 안에서만 생활할 것이라는 생각으로 동선을 구성하시는 분들이 계신데 전

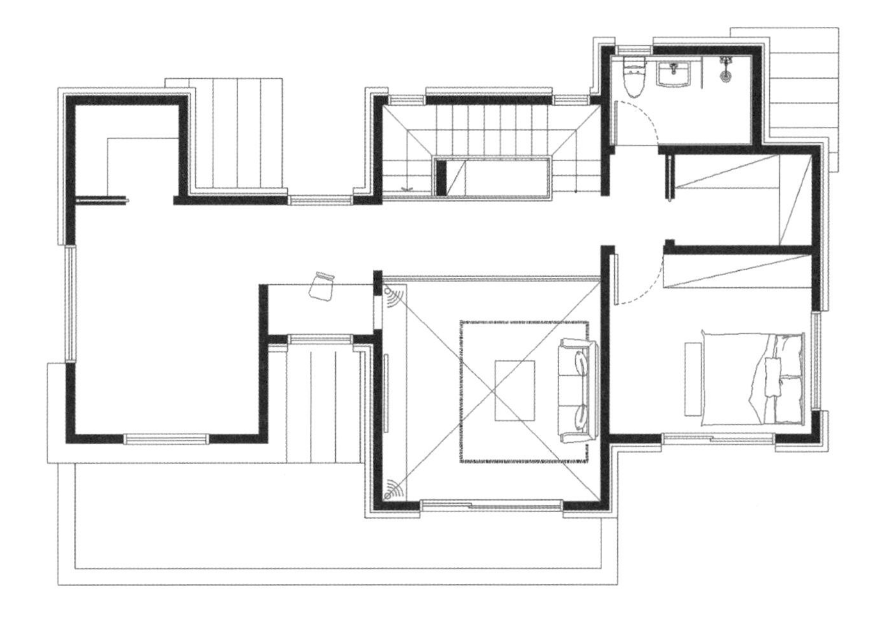

원주택은 아파트와 다르게 외부의 공간과 동선을 연결해 주는 것이 좋습니다. 내·외부가 함께 사용될 수 있는 공간을 구성하는 것이야말로 전원주택이 가지는 가장 큰 장점 중 하나라고 할 수 있습니다.

정다운 건축가 : 목조주택에서 물이 쓰이는 화장실 라인은 1층과 2층이 동일선상에 놓이는 것이 좋습니다. 부득이하게 달라진다고 하면 그나마 최소한의 배관 길이를 생각하면서 설계를 진행하는 것이 좋습니다. 목조는 콘크리트와 달리 방수에 취약합니다. 화장실 방수 특히 신경 쓰셔야 하며, 옥상은 안 만드는 것이 좋다는 거 다들 아시죠?

11월호 두번째

38평, 밝은 햇살이 비추다

STORY

아침에 눈을 뜨면 눈 부신 햇살이 내 몸을 감싸는 느낌.
아파트에서는 바쁘게 살다 보니 아침 햇볕을 즐길 시간도 없었습니다.
모닝커피는 오히려 회사에 출근한 다음에 마시며 대충 넘기고 일에 치여 하루를 시작했던 것 같네요.

전원생활의 가장 큰 묘미는 여유로움 속에 마음의 안정을 느끼며 하루를 시작할 수 있다는 거예요.
바쁘게 산다고 무조건 행복한 것은 아니랍니다. 쉬어갈 때는 확실히 쉬고 가끔은 나 혼자만의 독백을 즐기면서 스스로 회복할 수 있는 시간을 줘야 하는 것이랍니다.

이번 월간 홈트리오 11월호 두 번째 모델을 기획할 때 그런 느낌을 많이 담으려고 노력했습니다. 어둠을 물리치고 항상 밝은 느낌을 받을 수 있게, 그리고 그 밝음을 여유롭게 즐길 수 있게.
그것이 이번 주택의 키포인트랍니다.

집을 디자인할 때 외장재에 대한 고민을 많이 하세요. 문제는 돈만 있다면 좋다는 자재를 다 가져다 붙이면 되는데 우리는 그렇게 넉넉하지만은 않죠. 슬픈 현실이에요.

더 큰 문제는 돈이 있다고 무조건 비싸게 지어도 안 된다는 것이에요. 항상 말씀드리지만, 적정선을 지키면서 짓는 것. 그것이 가장 중요합니다.

외쪽지붕을 적용하면서 자연스럽게 지붕의 연결점들이 많아졌습니다. 옛날에는 지붕이 어지러우면 누수의 위험이 있다고 무조건 간결하게만 했었는데요. 최근에는 방수기술이 발달하면서 어지간한 지붕 디자인은 안전하게 시공 가능합니다.

깨끗한 느낌. 높지 않은 건축비. 그리고 내 마음에 쏙 드는 가심비까지, 이번 주택은 밝은 햇살을 듬뿍 안고 태어난 집이라 소개하고 싶습니다.

#햇살 #아침을깨우는소리 #예뻐요 #가성비 #노후에살고싶은집

공법 : 경량목구조

건축면적 : 124.36 m^2

1층 면적 : 88.19 m^2

2층 면적 : 36.17 m^2

지붕마감재_ 아스팔트쉬글 / 외벽마감재_ 스타코플렉스 / 포인트자재_ 파벽돌 / 실내벽마감재_ 실크벽지 / 실내바닥마감재_ 강마루 / 창호재_ 미국식 3중 시스템 창호

예상 총 건축비 : 216,800,000원 (부가세 포함, 산재보험료 포함 / 설계비, 인허가비, 구조계산 설계비 별도)

설 계 비 : 5,700,000원 (부가세 포함) | 구조계산 설계비 : 3,800,000원 (부가세 포함)

인허가비 : 3,800,000원 (부가세 포함) | 인테리어 설계비 : 3,800,000원 (부가세 포함)

✓ 건축비 외 부대비용 : 대지구입비, 가구(싱크대, 신발장, 붙박이장), 기반시설 인입(수도, 전기, 가스 등), 토목공사, 조경비 등

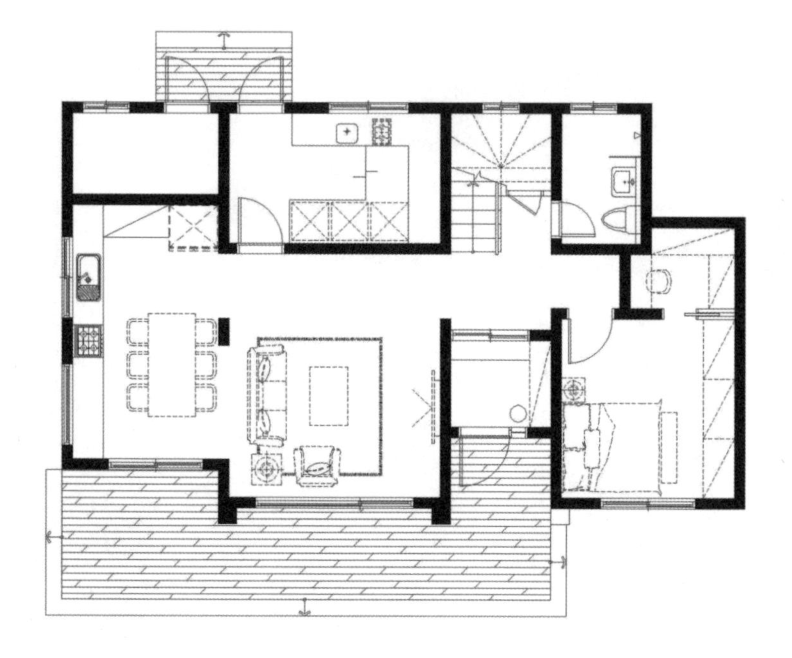

이동혁 건축가 : 어두운 느낌은 없애고 항상 밝은 햇살이 비추는 그러한 집을 짓고자 하였습니다. 화이트톤의 외장 베이스에 남향으로 큰 창들을 내주어 외부 및 내부 어디에서도 밝은 느낌을 받을 수 있는 집으로 탄생시켰습니다. 외쪽지붕과 모임지붕의 디자인을 조합하여 특별한 외장재를 사용하지 않고도 유니크한 주택 이미지를 완성시켰습니다.

임성재 건축가 : 노후에 두 사람만 산다는 가정하에 설계된 모델로 방은 2개만 구성을 하였습니다. 주 용도는 1층 안방에서 취침을 하고 2층은 다목적으로 이용 가능하도록 구성하였습니다. 추후 자녀들이 놀러 와서 지내더라도 불편함이 없도

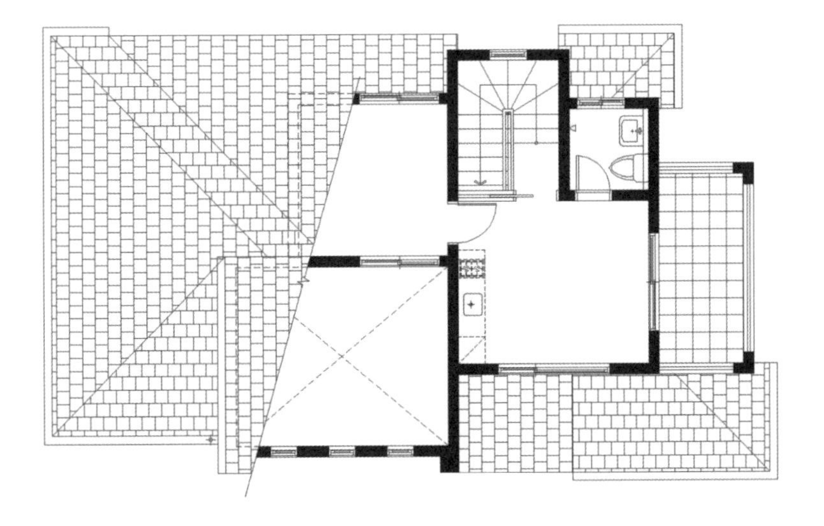

록 계단에 문을 달아 개폐를 할 수 있도록 하였으며, 간이 주방을 설치해 간단한 티타임을 즐길 수 있도록 하였습니다.

정다운 건축가 : 2층에 발코니를 구성할 때 많은 분들께서 발코니도 무조건 남향으로 배치되어야 한다 생각하지만 발코니를 남향으로만 고집할 이유는 없습니다. 말 그대로 조망을 위한 공간이기 때문에 네 방위 중 가장 조망이 좋은 곳을 선택하여 발코니를 만들어 주는 것이 좋습니다. 부인과 오붓하게 앉아서 노을 지는 태양을 보며 가벼운 티타임을 즐기는 것. 그것이 진정한 힐링이 아니겠는지요.

11월호 세번째

30평, 아담하고 포근한 집

STORY

저희가 집을 설계할 때 나름의 기준을 정한 후 계약 받는데요. 그 기준점을 30평의 면적으로 정하고 이야기 드립니다. 최소 마진폭을 맞출 수 있는 면적이 30평이며, 35평 미만의 경우는 단층 그리고 2층으로 짓고 싶다면 최소 35평 이상을 요청해야만 설계를 시작할 수 있습니다.

그 이유에는 전문가가 생각하는 공간감과 건축주님이 생각하는 공간감의 차이가 있는데요. 대부분 아파트 생활만 하시다 보니 모든 기준이 아파트에 맞추어져 있습니다. 아파트의 경우 계단실도 별도로 있고 층도 분리되지 않았기 때문에 28평만 돼도 충분히 생활할 수 있는 공간이 나옵니다. 하지만 전원주택은 그렇지 않죠. 일단 거실과 주방 부분이 좁으면 안 되기 때문에 면적이 커지기 시작합니다. 생각지도 못한 계단실과 보일러실이 생겨나고 방 크기도 아파트의 작은방보다 커지게 됩니다.

하나씩 늘려 가다 보면 정작 원하는 면적의 집은 30평 후반이 되고, 공용공간을 조금 넓게 하고 싶어 하시는 분들은 대부분 40평을 넘게 됩니다.

집을 작게 짓고자 하는 분들은 많지만 실상 어정쩡한 공간을 원하는 분들은 없더라고요. 이게 현실일 것입니다.

이번 월간 홈트리오 11월호 세 번째 모델을 기획할 때 정말로 작지만 두 명이 생활할 수 있는 2층 집을 지어보자라는 목표 아래 설계를 진행했는데요. 저희끼리도 설계를 하면서 많이 싸웠습니다. 두 명만 거주할 공간인데 클 필요가 있을까? 건축비도 무시할 수 없는데 면적이 증가하면 자연스레 건축비가 상승하니 생각보다 많은 고민을 했습니다.

최종으로 30평이라는 면적을 선정하되 오픈 천장 등의 옵션을 통해 부족한 개방감을 보완하고 욕심을 버려 방은 2개만 구성해보자가 저희의 해답이었습니다.

외장재는 깔끔한 톤의 화이트 스타코플렉스로 시공하고 모던한 이미지를 주기 위해 지붕을 리얼징크로 시공했습니다. 지붕에 대한 추가 비용이 1000만 원 이상 소요되었지만 누수에 대한 위험까지 잡을 수 있기에 이번 기획모델에서는 징크를 과감히 사용했습니다.

기획에서는 방을 2개만 구성했지만 실제로는 1층 안방 옆의 드레스룸도 방의 개념이기 때문에 어찌 보면 30평이라는 공간 안에서 3개의 방을 구성한 것이 되겠네요.

노후에는 생각보다 요리를 많이 해 드시지 않아 주방이 클 필요 없다는 요구 조건을 반영하여 공간을 작게 구성했으며, 많은 가족보다 두 분의 건축주님이 살기에 최적화된 집이라 생각해주시면 좋겠습니다.

#아담해요 #2층집 #자연과어울림 #포근함 #엄마품

PART 11

11월호 세번째

아담하고 포근한 집

공법 : 경량목구조
건축면적 : 99.87 m²
1층 면적 : 73.17 m²
2층 면적 : 26.70 m²

지붕마감재_ 리얼징크 / 외벽마감재_ 스타코플렉스 / 포인트자재_ 파벽돌 / 실내벽마감재_ 실크벽지 / 실내바닥마감재_ 강마루 / 창호재_ 미국식 3중 시스템창호

예상 총 건축비 : 172,000,000원 (부가세 포함, 산재보험료 포함 / 설계비, 인허가비, 구조계산 설계비 별도)
설 계 비 : 4,500,000원 (부가세 포함) | 구조계산 설계비 : 3,000,000원 (부가세 포함)
인허가비 : 3,000,000원 (부가세 포함) | 인테리어 설계비 : 3,000,000원 (부가세 포함)

✓ 건축비 외 부대비용 : 대지구입비, 가구(싱크대, 신발장, 붙박이장), 기반시설 인입(수도, 전기, 가스 등), 토목공사, 조경비 등

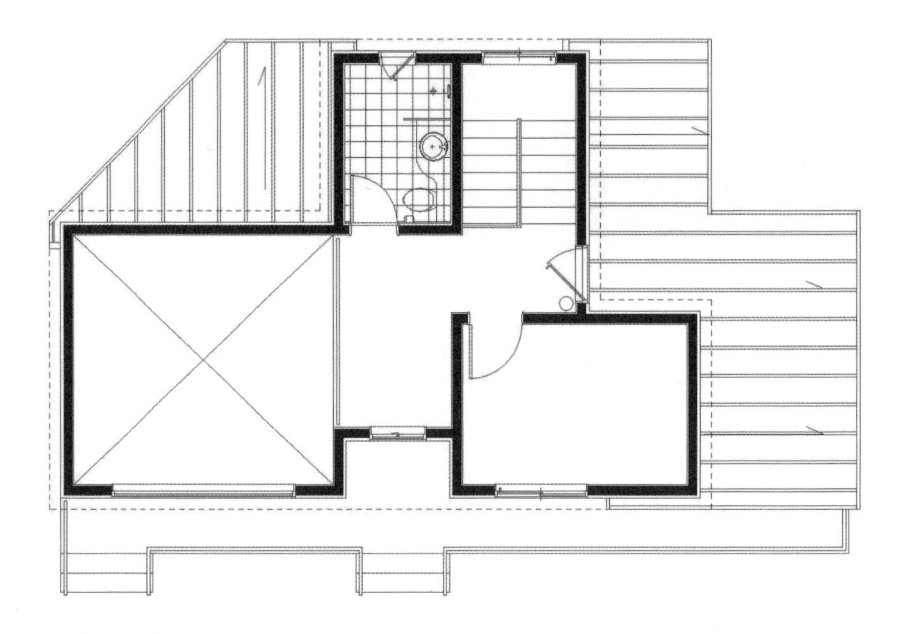

이동혁 건축가 : 징크를 사용하는 이유는 첫 번째는 디자인이고, 두 번째가 누수에 대한 안전성입니다. 징크라 주는 모던함과 차가운 시크함의 느낌은 다른 자재에서 느끼기 힘든 부분이 분명 존재한답니다. 외부를 깔끔하게만 가다 보면 가벼운 이미지를 줄 수 있는데 지붕에 징크라는 재질을 사용해 포인트적인 부분을 준다면 깔끔함과 모던함, 그리고 도시적인 이미지까지 한꺼번에 가지고 갈 수 있습니다. 누수에 대한 안전성은 어찌 보면 덤으로 가져간다고 보시면 됩니다. 누수에 대한 위험성 때문에 굳이 징크로 가실 이유는 없다고 생각하며, 디자인적 요소를 첫 번째로 둔 후 생각하시는 것이 좋다 이야기드리고 싶습니다.

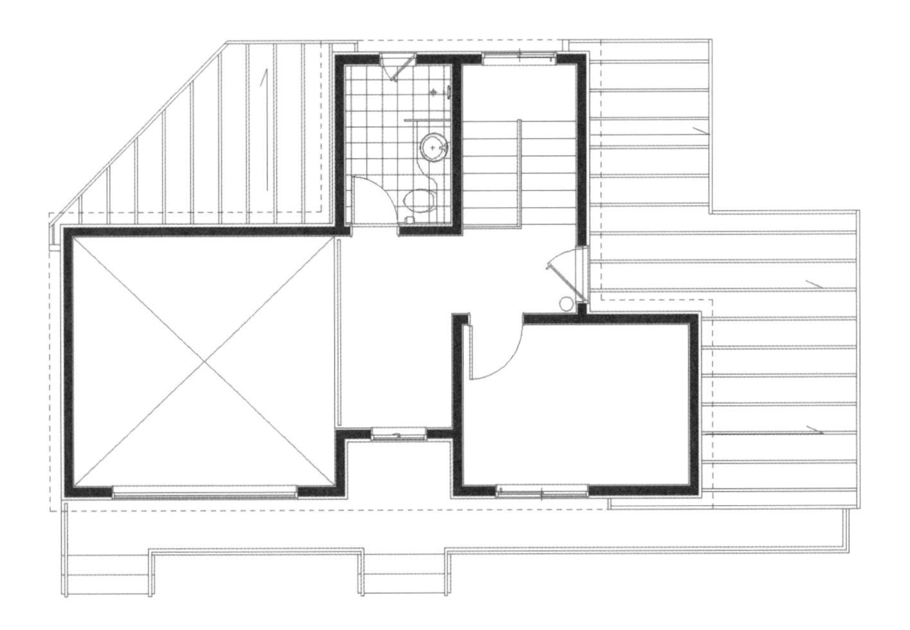

임성재 건축가 : 아담한 집을 원한다면 방에 대한 욕심을 줄이는 것이 좋습니다. 방은 2개만 구성하되 공용공간 비율을 높이고 오픈 천장 같은 옵션들만 더해 개방감과 아기자기함을 함께 가지고 가는 것이 좋습니다.

정다운 건축가 : 창문은 비용이 들더라도 3중 시스템창호를 시공하는 것이 좋으며, 등급은 1등급을 맞추는 것이 좋습니다. 큰 창의 경우 2등급 이상이 나오면 되며, 내부에 블라인드보다는 두꺼운 암막커튼 등을 시공해 인테리어적인 면을 챙기면서 단열을 더 강화할 수 있는 방법을 선택하는 것이 좋습니다.

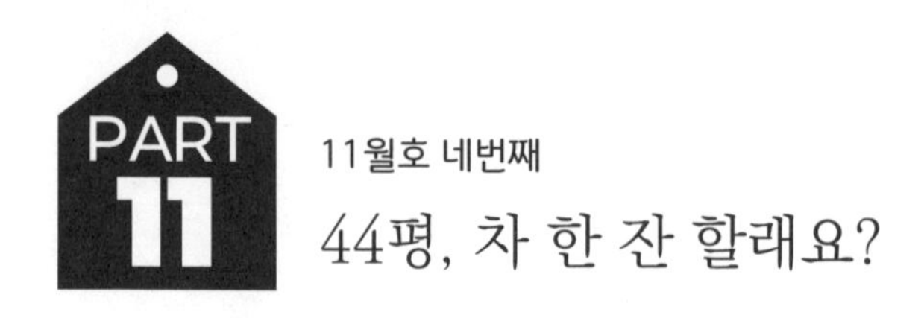

PART 11

11월호 네번째

44평, 차 한 잔 할래요?

STORY

전원생활의 꿈을 꿀 때 한 번쯤 생각하는 이미지가 존재합니다.
어떤 분은 조그마한 텃밭을 가꾸는 상상을 하고, 또 어떤 분은 지붕 처마 아래 앉아 조용히 한 잔의 차를 마시는 상상을 하기도 합니다.

"여러분들은 집을 짓고 살 때, 어떠한 모습을 꿈꾸시나요?"

저는 개인적으로 빗소리를 너무 좋아하는데요. 조용히 듣고 있으면 어느 순간 무념무상의 단계에 접어드는데 솔직히 '멍'때린다는 표현이 정확할 것 같네요.

현대 사회에서는 직장인들이 스트레스 지수가 엄청 높다고 하잖아요.
다시 생각해보면 그 스트레스는 쉼 없이 끊임없는 생각을 하느라 받는 것으로 생각해요.
조금은 아무 생각 없이 지내도 되고, 급하게 달리지 않아도 되는, 그런 시간을 개인적으로 가져야 한다 생각합니다.
마음에 위안을 주고 바쁜 생활에서 벗어나 여유롭게 향 좋은 차 한 잔을 마실 수 있는 공간.

그 공간이 크지 않고 작은 공간이라도 한 번 쯤은 그런 공간에서 지내보시는 것은 어떨까 제안해봅니다.

이번 월간 홈트리오 11월호 네 번째 모델은 화려하게 설명해 드리기보다 위의 내용처럼 차 한 잔의 여유를 즐길 수 있는 그런 공간을 만들었다고 생각하시면 될 것 같습니다.

단층의 아담한. 그리고 오묘한 매력을 풍기는 그런 집.
“어서 오세요. 차 한 잔하고 가셔야죠.”

#차한잔의여유 #힐링 #전원생활 #꿈같은현실 #40평형전원주택

공법 : 경량목구조
건축면적 : 127.46 m²
1층 면적 : 114.02 m²
2층 면적 : 13.44 m²

지붕마감재_ 리얼징크 / 외벽마감재_ 스타코플렉스 / 포인트자재_ 파벽돌, 루나우드, 리얼징크 / 실내벽마감재_ 실크벽지 / 실내바닥마감재_ 강마루 / 창호재_ 미국식 3중 시스템창호

예상 총 건축비 : 218,000,000원 (부가세 포함, 산재보험료 포함 / 설계비, 인허가비, 구조계산 설계비 별도)

설 계 비 : 5,700,000원 (부가세 포함) | 구조계산 설계비 : 3,800,000원 (부가세 포함)

인허가비 : 3,800,000원 (부가세 포함) | 인테리어 설계비 : 3,800,000원 (부가세 포함)

✓ 건축비 외 부대비용 : 대지구입비, 가구(싱크대, 신발장, 붙박이장), 기반시설 인입(수도, 전기, 가스 등), 토목공사, 조경비 등

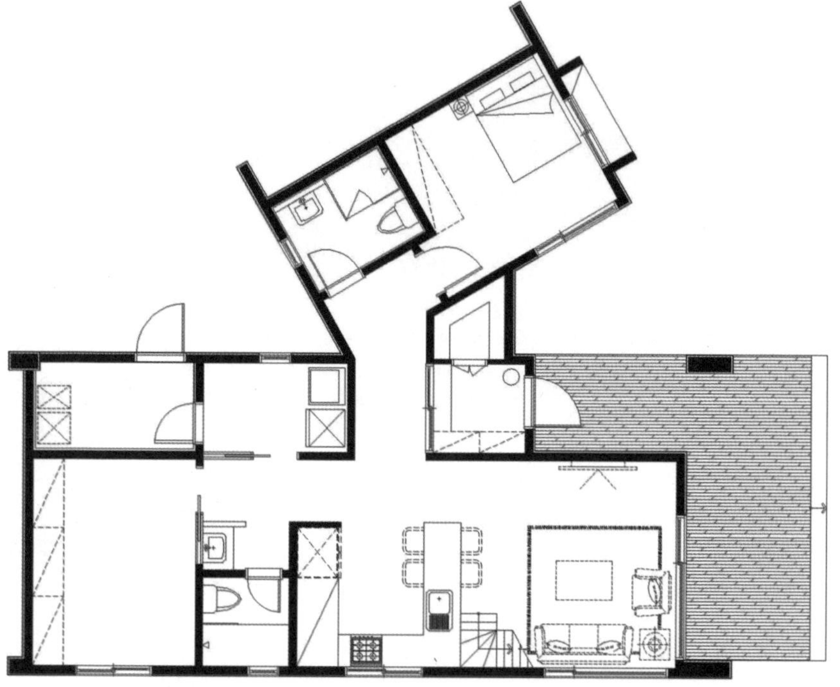

이동혁 건축가 : 집이 꼭 네모여야 하는 이유가 있나요? 어찌 보면 우리 머릿속의 공간들은 고정관념에 사로잡혀 획일적으로 변했는지 모릅니다. 땅의 형태에 따라 충분히 자유롭게 구성할 수 있는 것이 설계랍니다. 이번 주택은 'ㅅ'자형 배치로 그동안 진행되어 왔던 주택 평면과 다른 시작점에서 구성이 진행되었습니다. 낭비되는 공간이 없으면서 조금은 재미있는 공간. 그 공간이 이번 주택에 담고 싶었던 특징 중의 하나랍니다.

임성재 건축가 : 다락방 계단의 경우 각도가 급하고 폭이 좁습니다. 정리하면 불편하고 위험성이 존재한다는 것이니다. 다락은 창고의 개념이 큽니다. 주 생활공간보

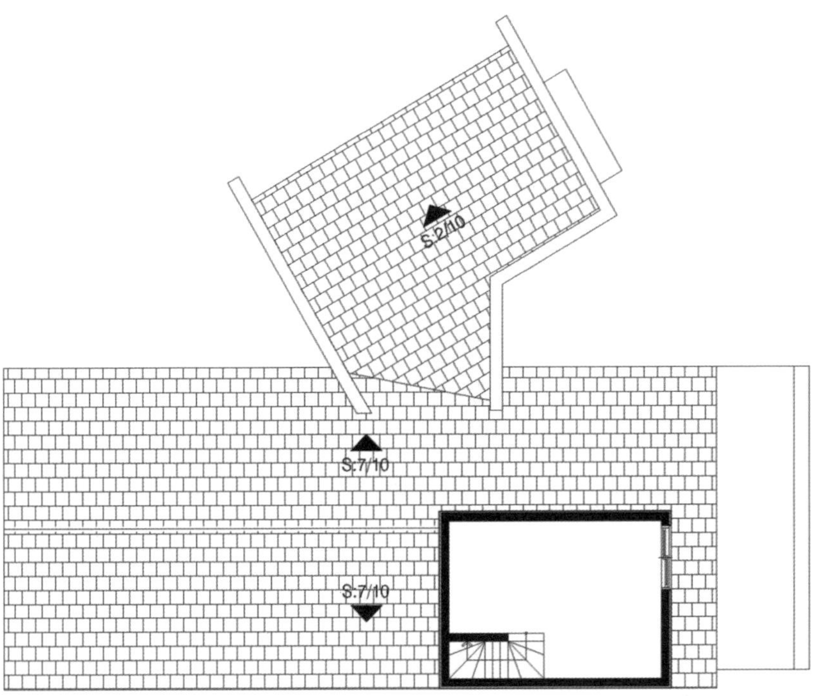

다는 수납과 세컨드 공간의 개념이기 때문에 이 점을 꼭 인지하신 후 설계에 반영해야 합니다.

정다운 건축가 : 박공지붕이 주는 디자인적 안정감은 어떠한 형태보다 우수하다고 할 수 있습니다. 빗물이 잘 내려가고 누수에 대한 위험성도 현저히 낮게 구성됩니다. 박공지붕의 형태가 모던하지 않아서 촌스럽다고 이야기하는데 이번 모델에서는 그러한 느낌을 전혀 받지 못하실 것입니다. 어떻게 구성하고 어떻게 디자인하느냐에 따라 집의 이미지는 어떠한 방향으로도 변할 수 있다는 것을 알았으면 좋겠습니다.

따뜻한 보금자리를 꿈꾸며

많은 것을 바라지는 않아요.

우리 가족을 안아 줄 수 있는, 그런 집이 필요해요.

추억을 쌓을 수 있고 아이들이 커서 이 공간을 기억하며

옛날의 추억을 떠올릴 수 있는 곳.

언제 돌아와도 엄마의 따뜻한 품처럼 느껴지는 곳.

"우리 가족은 그러한 따뜻함이 느껴지는 보금자리를

꿈꾼답니다."

12월호 첫번째

37평, 'ㄱ'자형 집의 매력

STORY

이것도 고민 저것도 고민.

집 하나 지으려고 하는 데 왜 이렇게 고민이 많은지 모르겠네요. 그런데 말입니다. 집을 짓는다는 것은 원래 어려운 것이랍니다.

우리는 그동안 아파트라는 매개체를 사고파는 것에 익숙해져 있다 보니 부동산을 통해 쉽게 거래를 이어 왔습니다. 다 지어진 아파트나 분양을 통해 획일적인 인테리어가 적용된 집들만 보고 샀으니 그동안 신경 써야 할 부분들이 현저히 적었던 것이 사실입니다.

그런데 집을 짓는다는 것은 획일적인 모델을 결정해 짓는 것이 아닌 정말 나와 가족들의 라이프스타일에 맞는 공간을 설계하고 짓는 행위죠. 당연히 더 복잡하고 하나씩 정리해 나가야 할 요소들이 엄청 많아 힘들 수밖에 없는 작업입니다.

많은 분이 힘들어하는 가장 큰 이유 중의 하나는 집 짓는 것을 너무 쉽게 생각하고 도전하기 때문이에요. 그리고 무조건 최저가가 좋다는 잘못된 인식이 결국 생고생의 길을 걷게 되는 가장 큰 이유가 되는 것이죠.

저는 이렇게 조언하고 싶어요.

“집 짓는 거 원래 어려워요. 쉽게 지을 방법은 없어요. 정확히 내가 고민하고 들인 시간만큼 좋은 집이 탄생할 거예요.”

얼마 전 상담을 하고 있는데 건축주님이 이런 이야기를 하더라고요.

“아 나는 저 자재는 싼 티 나서 싫고, 저 자재는 가벼워 보여서 싫어.”

[음… 그렇다면 이런 자재는 어떤지요? 무게감이 있고 저렴해 보이지 않기 때문에 괜찮을 것 같아요.]

“오 이거 좋네요. 그럼 이 자재로 적용해 주세요.”

[네 그럼 이것으로 적용해서 디자인해 볼게요.
그런데 건축주님 그때 말씀해주신 예산 안에서 집을 지으셔야 하지 않으세요? 이렇게 비싼 외장재들만 선택해서 설계하시면 예산을 엄청 오버할텐데요.]

"네? 이 자재들이 그렇게 비싸요?"

[수입 자재, 특히 일본 자재들은 기본 단가가 높아요. 원하는 느낌을 내기 위해서는 비싼 외장재 값을 들어야 합니다. 솔직히 가성비 높은 집을 짓고 싶어 하셨는데 이렇게 비싼 자재들만 선정하시면 가성비라는 단어는 어울리지 않을 거예요]

그렇습니다. 많은 건축주님이 쉽게 오해하시는 것이 그동안 흔히 보아 왔던 자재들은 익숙하니 싼 자재라고 인식하는 잘못된 생각이 있습니다. 또한, 인터넷을 검색하면서 알게 된 자재들이 무조건 좋다고 생각하는 잘못된 부분도 존재하죠.

항상 고민합니다. 예산이 넉넉하다면 원하는 자재들을 다 사용해서 집을 지으면 되지만 보통은 그렇게 넉넉한 형편들이 아니죠. 이게 현실적인 이야기일 거예요.

집은 외장재만으로 이미지가 결정되는 것이 아닙니다. 매스의 규모와 입체감, 그리고 색깔의 조합. 이런 것들을 조합하여 만드는 입면인 만큼 현재 내 예산 안에서 사용할 수 있는 자재들을 활용하여 집을 짓는 것을 추천해 드립니다.

#ㄱ자형배치 #매력덩어리 #모던스타일 #가성비갑 #유니크한입면

PART 12

12월호 첫번째

'ㄱ'자형 집의 매력

공법 : 경량목구조

건축면적 : 121.62 m²

1층 면적 : 88.31 m²

2층 면적 : 33.31 m²

지붕마감재_ 아스팔트쉬글 / 외벽마감재_ 스타코플렉스 / 포인트자재_ 파벽돌, 루나우드 / 실내벽마감재_ 실크벽지 / 실내바닥마감재_ 강마루 / 창호재_ 미국식 3중 시스템창호

예상 총 건축비 : 210,000,000원 (부가세 포함, 산재보험료 포함 / 설계비, 인허가비, 구조계산 설계비 별도)

설 계 비 : 5,550,000원 (부가세 포함) | 구조계산 설계비 : 3,700,000원 (부가세 포함)

인허가비 : 3,700,000원 (부가세 포함) | 인테리어 설계비 : 3,700,000원 (부가세 포함)

✓ 건축비 외 부대비용 : 대지구입비, 가구(싱크대, 신발장, 붙박이장), 기반시설 인입(수도, 전기, 가스 등), 토목공사, 조경비 등

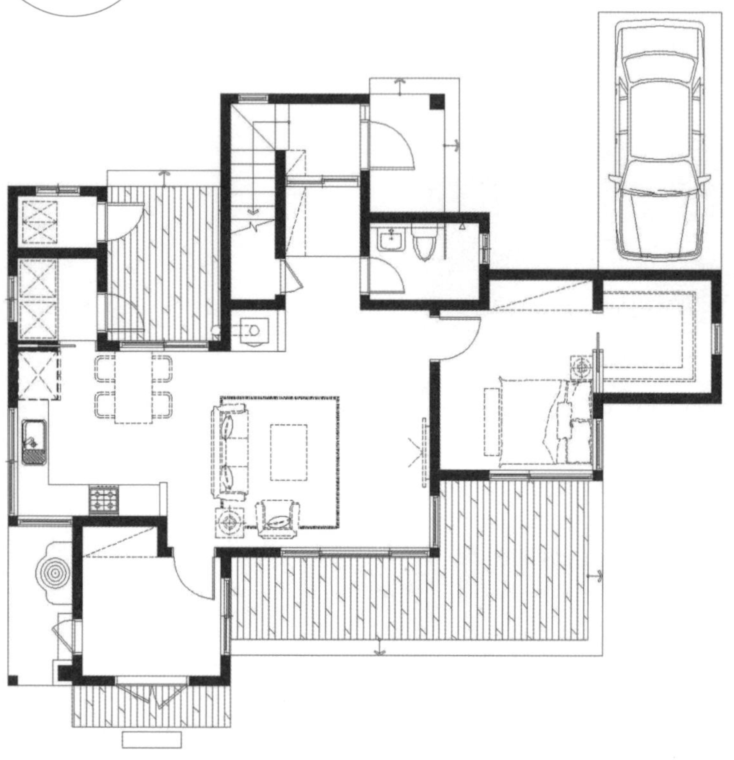

이동혁 건축가 : 'ㄱ'자형 배치의 가장 큰 매력은 모든 공간에 균일한 조도와 조망권을 가질 수 있다는 것에 있습니다. 복도라는 공간이 생기는 문제점 때문에 데드 스페이스 문제가 항상 대두되어 왔는데 이번 평면처럼 현관을 북쪽으로 배치하고 거실을 중심으로 모든 공간에 연결될 수 있게 동선을 구성한다면 데드 스페이스에 대한 문제를 생각보다 쉽게 풀어낼 수 있습니다.

임성재 건축가 : 목조주택에서는 구들방이 불가능합니다. 간혹 시공하시는 분들이 계신데 하자에 대한 위험성이 높은 많은 많은 유지관리적인 측면이 요구됩니다. 정말로 구들방을 원하시는 경우 별동으로 목조가 아닌 황토 기반의 구들방을

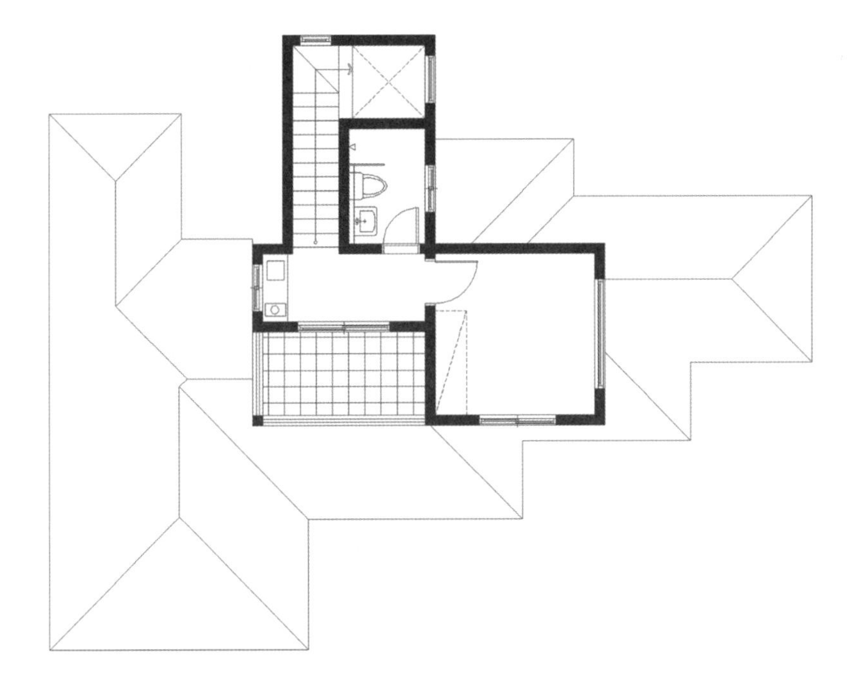

시공하는 것이 좋습니다.

정다운 건축가 : 외장재를 꼭 좋은 것을 사용해야 예쁜 집을 탄생하는 것은 아닙니다. 스타코플렉스 기반에 톤만 조절하고 매스적인 이미지를 디자인해 준다면 외장재 비용을 크게 들이지 않고 멋진 모던 스타일 전원주택을 탄생시킬 수 있답니다.

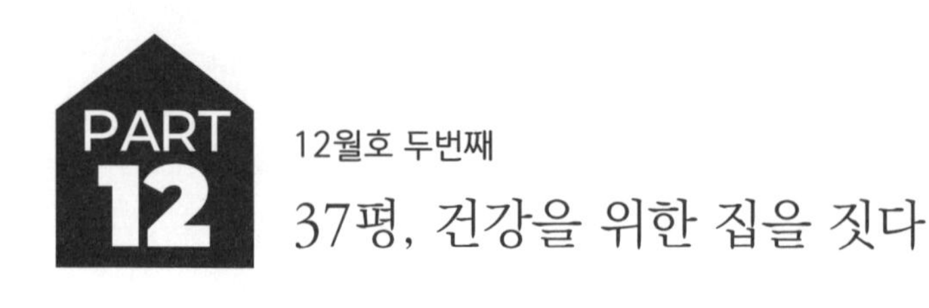

12월호 두번째

37평, 건강을 위한 집을 짓다

STORY

노후에 조용한 곳에 터를 잡아 마음의 안정과 몸의 건강을 돌볼 수 있는 곳, 그런 곳에서의 제2의 삶을 시작 한다는 것,

그 자체로도 이미 건강이 회복된 듯한 느낌을 받을 것입니다.

전원주택을 짓고자 하시는 분 중 대부분은 위와 같이 건강과 마음의 안정. 함축하여 '힐링'이라는 단어를 위해서 집을 짓는 분들이 많습니다.

엄청 열심히 그리고 바쁘게, 그렇게 달려가는 것이 꼭 성공과 직결되는 것은 아닌 것 같습니다. 적절한 휴식과 재충전할 시간이 존재해야만 다시금 달려나갈 힘이 생겨나겠죠.

이번 월간 홈트리오 12월호도 그런 생각으로 시작했습니다.

작지도 크지도 않은 국민 사이즈인 30평형대, 특히 2층에 대한 로망을 실현할 수 있는 37평이라는 공간으로 설계한 이번 주택은 아담한 느낌의 외관에 단단해 보이는 벽돌을 조합하여 클래식과 모던함이 조화를 이루는 디자인으로 설계하였습니다.

2억 초반의 건축비로 3중 시스템창호와 2중 단열을 기본 사용해 '가성비'라는 단어를 사용할 수 있는 준 패시브급 품질의 집을 완성했습니다.

2018년 1월부터 진행한 월간 홈트리오를 12월호까지 발간하니 참 많은 생각이 교차합니다. 매달 발표해 온 기획모델은 주택마다 각각의 콘셉트와 라이프스타일을 담고 있으며, 현 전원주택 시장의 트렌디함을 반영했다고 자부합니다.

물론 무조건 저희가 정답이라는 것은 아니지만 설계안과 건축비 등을 투명하게 공개하면서 조금이나마 전원주택 시장의 투명화를 선도했을 거로 생각합니다.

하지만 아직도 불투명하게 가려진 부분들이 너무 많습니다. 저희도 어려운 부분들이 많은데 집을 짓고자 하시는 여러분은 얼마나 답답하실지... 집을 짓는 건축가로서 어떤 부분이 어렵고 문제 되는지 너무 잘 알기에 앞으로도 전원주택 시장을 투명하게 하고 품질에 대한 만족도를 높일 방안들을 계속해서 이어나갈 생각입니다.

많은 응원과 격려 부탁드리겠습니다.

#건강 #힐링하우스 #소박함 #군더더기없음 #은퇴후살고싶은곳

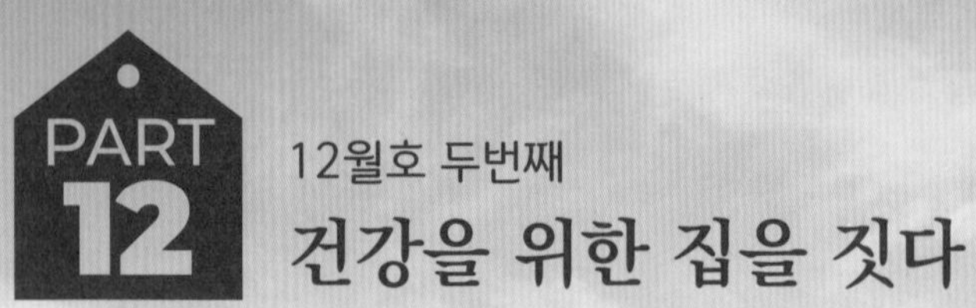

12월호 두번째

건강을 위한 집을 짓다

공법 : 경량목구조
건축면적 : 123.47 m^2
1층 면적 : 80.17 m^2
2층 면적 : 43.30 m^2

지붕마감재_ 아스팔트쉬글 / 외벽마감재_ 스타코플렉스 / 포인트자재_ 파벽돌, 리얼징크 / 실내벽마감재_ 실크벽지 / 실내바닥마감재_ 강마루 / 창호재_ 미국식 3중 시스템창호

예상 총 건축비 : 210,000,000원 (부가세 포함, 산재보험료 포함 / 설계비, 인허가비, 구조계산 설계비 별도)

설 계 비 : 5,550,000원 (부가세 포함) | 구조계산 설계비 : 3,700,000원 (부가세 포함)

인허가비 : 3,700,000원 (부가세 포함) | 인테리어 설계비 : 3,700,000원 (부가세 포함)

✓ 건축비 외 부대비용 : 대지구입비, 가구(싱크대, 신발장, 붙박이장), 기반시설 인입(수도, 전기, 가스 등), 토목공사, 조경비 등

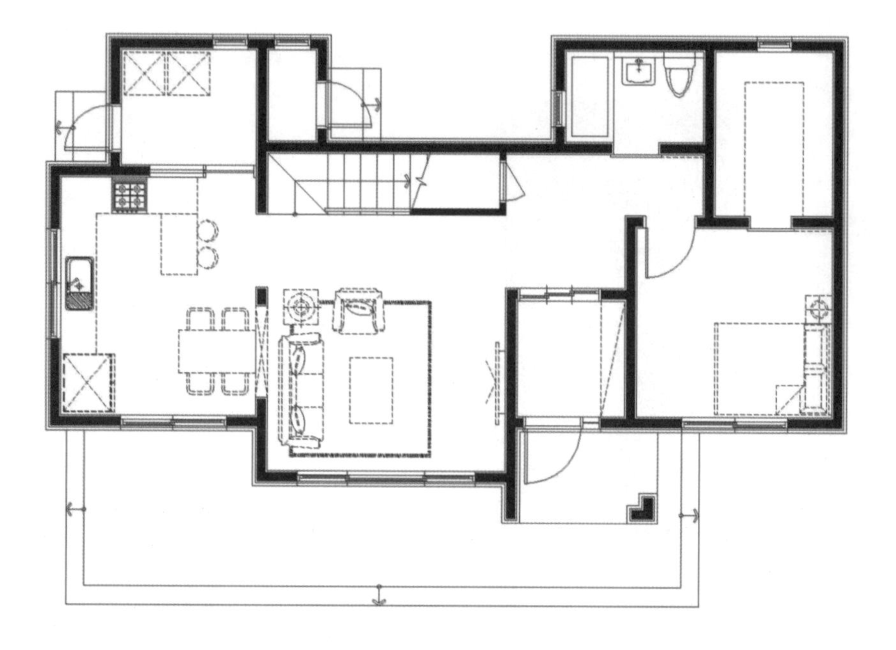

이동혁 건축가 : 노후에 건강을 위한 집으로 설계된 주택입니다. 2억 초반대라는 금액을 정해 놓고 설계를 한 모델이며, 방은 2개만 구성하여 공용공간의 활용성을 높여준 주택입니다. 가장 매력적인 평면 부분은 2층의 다목적 가족실로서 폴딩도어를 설치해 평소에는 개방하여 넓게 사용하고, 자녀들이 놀러 왔을 때는 창을 닫아 방처럼 사용할 수 있게 공간 구성하였습니다.

임성재 건축가 : 발코니와 포치 공간은 하나의 위치에 같이 존재하는 것이 좋습니다. 방수 기술이 많이 발달했지만 그래도 누수에 대한 위험성이 완전히 사라진 것은 아니거든요. 실내로 물이 새기보다는 똑같은 외기에 접해 있는 것이 오히려

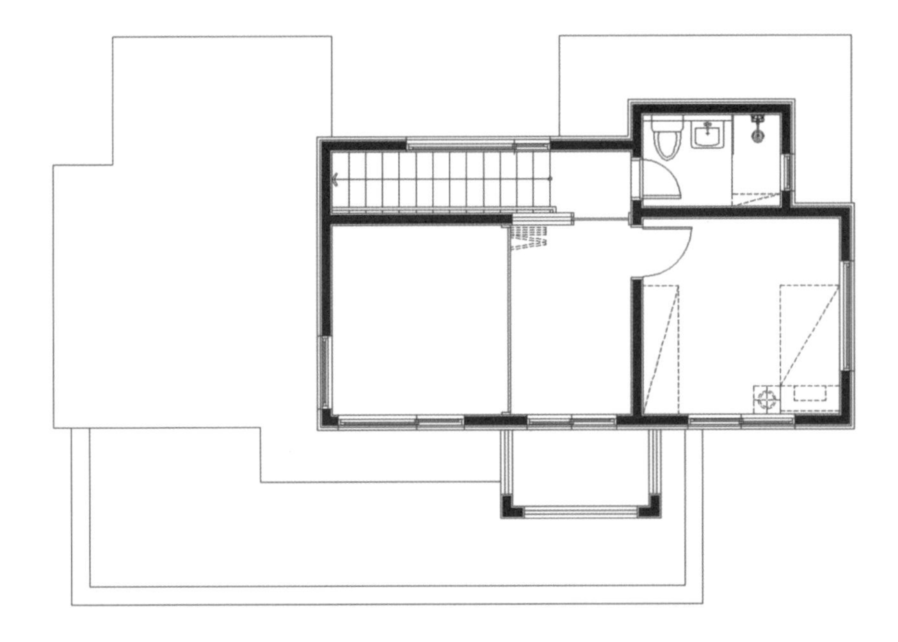

안전성에는 낮다고 판단합니다.

정다운 건축가 : 요즘에는 지붕을 디자인하여 집의 분위기를 많이 잡아가려 합니다. 외장재도 물론 중요하지만 사람처럼 머리스타일에 따라 전체적인 분위기가 크게 좌지우지됩니다. 박공지붕과 외쪽지붕의 혼합 디자인만으로도 유니크한 주택을 탄생시킬 수 있었고, 오히려 모던 스타일에 가까운 집이 완성되었습니다.

12월호 세번째

31평, 따뜻한 보금자리를 꿈꾸며

STORY

2018년 1월부터 시작한 월간 홈트리오가 드디어 12월호 세 번째 모델. 마지막 기획 모델을 맞았습니다. 아마 월간 홈트리오를 처음부터 보셨던 분들도 계실 것이며, '젊은 전원주택 트렌드' 책 집필의 순간부터 보셨던 분들도 계실 것입니다. 드라마도 단편과 장편으로 구분되듯 월간 홈트리오는 단기적으로 기획해서 끝나는 것이 아닌 1년이라는 시간에 걸쳐 진행한 '장기 프로젝트'였습니다. 중간에 웃지 못할 사연들도 많았고 혼자 속썩는 일도 많았는데 결국 완료 단계까지 오니 감회가 새롭습니다.

월간 홈트리오 2018년도의 마지막.
그 마지막 모델은 단층 31평의 국민주택이라 불릴 수 있는 모델입니다.

전원주택 하면 다들 2층 주택을 생각하겠지만 생각보다 많은 분이 문의하는 형태는 단층 30평형 주택이랍니다.
아무래도 금액적인 부분도 있고 둘만 살고자 하는 분들이 많다 보니 너무 크게 지어도 안 되기 때문입니다.

건축비의 현실적인 한계점은 2억이라고 생각합니다. 더 크게 짓는다면 당연히 건축비가 많이 들어가니 무조건 크게 짓기보다는 단열과 디자인만을 챙겨 2억 원 아래로 짓는다면 아파트를 팔고 대출을 끼지 않더라도 땅을 사고 집을 지을 수 있는 금액이 충분히 나오기 때문입니다.

이번 주택을 설계하면서 마지막 모델. 그리고 유종의 미를 거둘 수 있는 콘셉트는 무엇일까 많이 고민했습니다.

그 결과 가장 많은 요청이 왔었던 조건들을 합쳐 기획을 진행했고 거북이처럼 단단한 등껍질의 얹은 집을 디자인하게 되었습니다.

단단함. 그리고 세련된 디자인. 단층이라고 촌스럽다고 생각하시는 분들의 생각을 바꿀 수 있는 그런 집.

월간 홈트리오 12월호 세 번째. 그리고 2018년도의 마지막 모델을 '따뜻한 보금자리를 꿈꾸는' 모든 분께 선물해드리면서 이만 마치고자 합니다.

2018년도 1년이라는 긴 기간 끝까지 저희와 같이 호흡 맞춰주시고 응원해주신 모든 분께 감사 인사를 전합니다.

2019년도에는 '젊은 전원주택 트렌드II'로 더 좋은 아이디어와 기획안을 준비해 인사드리도록 하겠습니다.

감사합니다.

#단층주택 #매력적인지붕 #젊어보임 #유니크한디자인 #세컨하우스

PART 12

12월호 세번째

따뜻한 보금자리를 꿈꾸며

공법 : 경량목구조
건축면적 : 102.34 m²
1층 면적 : 102.34 m²
2층 면적 : 00.00 m²

지붕마감재_ 리얼징크 / 외벽마감재_ 스타코플렉스 / 포인트자재_ 파벽돌 / 실내벽마감재_ 실크벽지 / 실내바닥마감재_ 강마루 / 창호재_ 미국식 3중 시스템창호

예상 총 건축비 : 195,000,000원 (부가세 포함, 산재보험료 포함 / 설계비, 인허가비, 구조계산 설계비 별도)
설 계 비 : 4,650,000원 (부가세 포함) | 구조계산 설계비 : 3,100,000원 (부가세 포함)
인허가비 : 3,100,000원 (부가세 포함) | 인테리어 설계비 : 3,100,000원 (부가세 포함)

✓ 건축비 외 부대비용 : 대지구입비, 가구(싱크대, 신발장, 붙박이장), 기반시설 인입(수도, 전기, 가스 등), 토목공사, 조경비 등

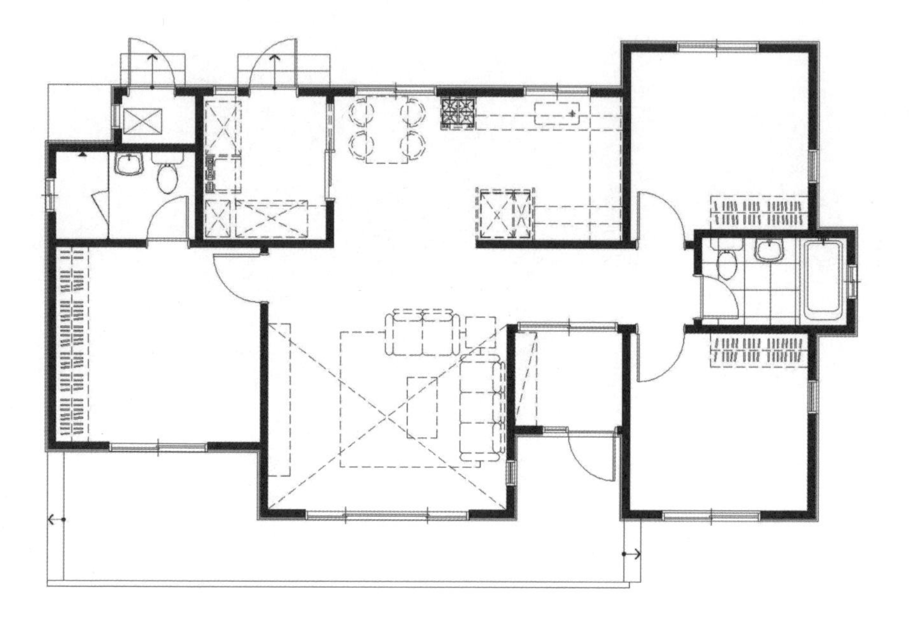

이동혁 건축가 : 거북이를 보면 두꺼운 등껍질이 몸을 단단하게 보호하고 있죠. 이번 주택을 설계할 때 그러한 이미지를 떠올리며 디자인을 진행했습니다. 단층이지만 무언가 단단해 보이고, 촌스러움이 아닌 세련됨을 넣을 수 없을까? 이번 주택 안은 그러한 고민의 답을 정의한 것이라 생각해주셨으면 좋겠습니다.

임성재 건축가 : 31평으로 설계된 이번 주택은 국민주택규모라고 불릴 수 있는 면적으로 설계되었는데요. 많은 욕심을 부리기보다는 가장 많은 요청이 들어온 방 3개에 화장실 2개, 그리고 좁지 않은 거실과 주방. 어찌 보면 가장 호불호 없는 주택 모델을 만들었다 생각합니다.

정다운 건축가 : 주방을 설계할 때 냉장고를 몇 개 배치해 줄 거냐에 따라 공간 구성이 달라집니다. 최근에는 2개보다는 3개 정도를 구비하시는 분들이 많아 다용도실이 점차 넓어지고 있는 추세인데요. 여러분들도 주방을 구성하실 때 냉장고에 대한 부분을 꼭 생각하시고 레이아웃 잡으세요. 나중에 바꾸면 되겠지 생각하시는 분들이 계신데 주방과 다용도실은 하나의 가구로 제작하는 부분이라 추후 수정이 어렵답니다.

에필로그

2018년 1월부터 시작된 전원주택 매거진 '월간 홈트리오'가 12월호 세 번째 모델을 마지막으로 마감이 되었습니다.

첫 번째, 1월호를 발표 할 때 과연 이 방향이 맞는지에 대해 고민이 많았는데 1년이라는 시간을 꾸준하게 발표해 온 결과 우리들의 생각이 틀리지 않았다는 것을 알 수 있었습니다.

전원주택 시장은 정말 안타깝게도 시스템화 되어있지 않고 투명하지 않은 것이 현실입니다. 그럴 듯한 말로 싸게 지어준다고 현혹하지만 어떤 방식으로 금액이 산정 되는지도 알려주지 않고 어떤 자재와 모양으로 집이 지어 지는지도 알려주지 않은채 계약하는 것이 현실인 시장입니다.

저희들은 불투명한 전원주택 시장을 조금이나마 투명한 주택시장으로 만들기 위해 작은 시도를 하였습니다. 그것이 바로 전원주택 매거진 '월간 홈트리오'였습니다.

기본 콘셉트는 전원주택의 새로운 트렌드를 제시해보자는 것이었으며, 그 속에서, 이 정도 집을 짓게 되면 어느 정도의 금액이 시공비로 들어가는구나 라는 것을 알려드리고자 하였습니다.

모든 월간 홈트리오 모델에는 건축비부터 설계비, 인허가비, 인테리어 설계비, 구조 계산비 까지 저희가 실제로 계산한 비용이 적혀 있으며, 어떤 자재로 시공 하는지와 동시에 단열재 같은 디테일한 부분까지도 오픈하고자 노력하였습니다.

그리고 많은 질타와 시행착오 끝에 1년이라는 시간을 꾸준하게 발표할 수 있었습니다.

"홈트리오가 100% 정답이다" 라기보다 고정관념을 깨고서 시골에 짓는 전원주택이지만 충분히 예쁘게 디자인된 집이 지어질 수 있다는 것을 보여드리고 싶었습니다.

총 39개의 모델을 발표하고 나니 감회가 새롭습니다.

저희들끼리도 정말 많이 싸우면서 하나씩 발표를 했었는데 1년이라는 시간을 돌아보니 정말 뜻깊었다는 생각이 듭니다. 끝까지 저희를 믿고 지지해주신 모든 분들께 감사인사를 전하며, 2018년도 '월간 홈트리오'는 여기서 마무리할까 합니다.

끝이 아닌 2019년의 새로운 시작이 기다리고 있습니다.

2019년 '월간 홈트리오'에서도 더욱 참신한 모델들로 여러분들의 눈과 마음을 즐겁게 해 드리도록 하겠습니다.

감사합니다.

홈트리오(주)

이동혁 건축가, 임성재 건축가, 정다운 건축가 올림